高等职业教育土建大类专业群核心课程建设系列教材

建筑施工组织

（修订版）

陶红霞　编著

张佩竹　主审

科学出版社

北京

内 容 简 介

本书全面系统地阐述了建筑工程施工组织的理论、方法与实例，注重培养学生的创新思维和动手能力。在内容的编排上，采用单元式教学模式，以培养综合素质为基础，以提高职业技能为出发点，重点突出综合性和实践性。

本书共设四个单元，内容主要包括建筑工程流水施工、网络技术原理、单位工程施工组织设计和施工组织软件应用。

本书可作为高职高专工程管理、工程造价、工程监理、建筑工程技术等专业的教材，也可供施工现场管理人员参考和使用。

图书在版编目（CIP）数据

建筑施工组织（修订版）/陶红霞编著. —北京：科学出版社，2019.6

（高等职业教育土建大类专业群核心课程建设系列教材）

ISBN 978-7-03-061681-4

Ⅰ. ①建… Ⅱ. ①陶… Ⅲ. ①建筑工程-施工组织-高等职业教育-教材
Ⅳ. ①TU721

中国版本图书馆 CIP 数据核字（2019）第 117411 号

责任编辑：万瑞达 / 责任校对：马英菊
责任印制：吕春珉 / 封面设计：曹 来

科 学 出 版 社 出版
北京东黄城根北街 16 号
邮政编码：100717
http://www.sciencep.com

北京九州迅驰传媒文化有限公司 印刷
科学出版社发行   各地新华书店经销
*
2019 年 7 月第 一 版   开本：787×1092 1/16
2023 年 1 月修 订 版   印张：11 1/2
2023 年 1 月第二次印刷   字数：260 000
定价：29.00 元
（如有印装质量问题，我社负责调换〈九州迅驰〉）
销售部电话 010-62136230 编辑部电话 010-62130874（VA03）

修订版前言

"建筑施工组织"是建设工程管理、工程造价、建筑工程技术等专业的主要专业课程之一。通过本书的学习，使学生能掌握建筑工程流水施工、网络计划技术、单位工程施工组织设计的内容及编制方法。

本书在修订过程中，以习近平新时代中国特色社会主义思想为理论指导，同时针对高等职业教育"以服务为宗旨，以就业为导向，以能力为本位"的指导思想，必须坚持科技是第一生产力、人才是第一资源、创新是第一动力的思想理念；结合学科专业实践综合性强、覆盖知识面广的特点，按照建筑工程技术专业领域技能型紧缺人才培养培训指导方案和职业岗位的需要，挖掘课程思政元素，注重理论联系实际，产业所需，我之所学，产教融合融"教、学、做"于一体，强化学生职业能力与职业素养的培养，体会大国工匠精神、培植爱国情怀等，使思政元素与专业知识自然融合。利用工程实践案例突出对实际问题的分析解决能力，具有系统完整、内容适用、可操作性强的特点；增加了典型案例及能力训练内容，使学生能够得到充分的、有针对性的训练；同时，单元后配有相应的思考题和练习题、学习小结，以帮助学生消化、巩固所学的内容。本书引入了 BIM5D 项目管理软件应用内容，将各专业计量计价模型、各施工阶段模型以及进度计划模型有效地整合到一个平台上，以国内建设行业项目管理中涉及的各方面内容为导向，有效地检查施工组织设计中的缺陷，从而优化组织设计、指导施工。

本书由天津城市建设管理职业技术学院陶红霞负责统稿，由中铁第六勘察设计院集团有限公司张佩竹主审。全书具体编写分工为：单元 1 由陶红霞编写，单元 2 由陶红霞、肖丽媛编写，单元 3 由陶红霞、王莉编写，单元 4 由李志红编写。本书在修订过程天津市建工集团（控股）有限公司安全与生产管理部刘迎鑫总经理（教授级高工）、天津市建筑设计研究院有限公司等行业专家对本书编写大纲给予了大量指导。

本书在修订过程中参考了大量的专业文献和资料，并从中得到了很多启发，在此对所有参考文献的作者表示诚挚的感谢。限于编者水平有限，时间仓促，书中难免有疏漏和不妥之处，恳请同行专家、学者和读者批评指正。

编　者

2023 年 1 月

前　言

"建筑施工组织"是建筑工程管理、工程造价、建筑工程技术等专业的主要专业课程之一。它是建筑工程项目自开工至竣工整个过程中的重要有效管理方法，对于提高建筑工程项目的质量水平、工程进度控制水平和工程建设投资效益等起着重要的作用，从而实现项目预期的工期、质量、成本和安全目标。本书主要讲述如何将投入项目施工中的各种资源合理地组织起来，使项目施工能有条不紊地进行。

本书针对高职高专教育"以就业为导向，以能力为本位"、学科实践综合性强、涉及面广的特点，按照建筑工程技术专业领域技能型紧缺人才培养指导方案和职业岗位的需要而编写。在教材内容的编写过程中，注重理论联系实际，运用案例突出对实际问题的分析解决，具有系统完整、内容适用、可操作性强的特点；增加了典型例题及思考题内容，使学生能够得到充分的、有针对性的训练；同时，单元后配有相应的思考题和练习题，以帮助学生消化、巩固所学的内容。本书引入了 BIM 5D 项目管理软件应用，将各专业计量、计价模型，各施工阶段模型，以及进度计划模型有效地整合到一个平台上，以国内建设行业项目管理中涉及的各方面内容为导向，有效地检查施工组织设计中的不足，从而优化组织设计、指导施工。

本书由天津城市建设管理职业技术学院陶红霞负责统稿。单元 1 由陶红霞撰写，单元 2 由赵秀云撰写，单元 3 由陶红霞和王莉共同撰写，单元 4 由李志红撰写。其中，单元 1、单元 2 每个小节设置了"案例引入"模块；单元 3 主要讲述理论知识，仅在单元开始设置"案例引入"模块；单元 4 介绍施工组织软件应用，未设置"案例引入"模块。

本书在撰写过程中参考了大量的相关资料，并从中得到了很多启发，在此对所有参考文献的作者表示诚挚的谢意。

由于编著者水平有限，书中难免有不妥之处，恳请各位读者批评指正。

编著者

2018 年 8 月

目　　录

单元 1

建筑工程流水施工

1) 了解基本建设的含义及其构成,掌握基本建设程序的主要阶段,以及建筑施工程序的主要阶段。

2) 了解建筑产品及其生产特点与施工组织的关系,明确施工组织设计的概念、作用、分类及编制原则,熟悉施工组织的原则。

3) 了解流水施工的分类、概念及基本参数。

4) 熟悉施工组织的方式及特点、流水施工在实际中应用的步骤和方法。

5) 掌握流水施工的基本参数及确定方法。

6) 掌握等节奏流水、成倍节拍流水和无节奏流水的组织方式。

教学要求 ☞

教学要点	技能要点	权重
建设工程施工组织的基本概念	掌握基本建设程序和建筑施工程序的主要环节,掌握施工组织设计的基本任务、作用、分类及编制原则	15%
施工组织的基本方式	了解流水施工的概念、方式及各自的特点	15%
流水施工的基本参数	了解流水施工参数的概念,并掌握计算方法	35%
流水施工的基本组织方式	掌握流水施工的几种方式及应用	35%

思政导入 ☞

中国是一个拥有 6000 年左右文字记载的国家,在其文明发展中孕育了中华优秀传统文化,古人留下无数伟大工程遗产,如世界最大规模的宫殿建筑群北京故宫,世界年代最久且仍在使用的水利工程都江堰等,这些工程规模宏大、工艺精湛,无不体现了古代劳动人民的聪明智慧和高超的建筑技艺,至今仍发挥着经济效益和社会效益。近几年来,我国在基本建设领域也显示了强大实力,建成了许多标志性的工程,如世界第一跨海大桥(港珠澳大桥)、世界第一高桥(北盘江大桥)等。这些伟大工程建设的背后凝聚了一批能吃苦、高素质、有组织的"建筑人"的不懈努力和辛勤付出。作为中国人,作为工程人,作为"建筑施工组织"课程的教师和学生,无不产生对中华民族文化强烈的认同感、归属感和自豪感,坚定了我们的文化自信。同学们要带着这样的初心来学习"建筑施工组织"这门专业课程,从"建筑工程流水施工"基本理论和方法学起,树立认真严谨、一丝不苟的工作作风和工匠精神，培养匠心、涵养匠气、精研匠技，科学有效地组织工程项目施工，确保工程项目工期和工程质量奠定坚实的基础。

在课程学习中要坚持理论联系实际，实践没有止境，理论创新也没有止境。要坚持自信自立，坚持守正创新，坚持问题导向，坚持系统观念，不断提出真正解决问题的新理念新思路新办法，掌握过硬的职业技能，努力成为德智体美劳全面发展的社会主义建设者和接班人。

1.1　建筑工程施工组织概述

案例引入

某学校有教学楼、图书馆、办公楼、学生宿舍等，其建设项目分解如图 1-1 所示。该学校的教学楼由哪些工程组成？其中，单位工程的施工组织设计是由谁来编制的？

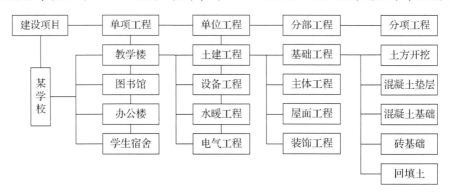

图 1-1　某学校建设项目的分解

随着建筑技术的现代化发展和进步，建筑产品的施工生产已成为一项综合而复杂的系统工程。它们有的高耸入云，有的跨度巨大，有的深入水下，这就给施工带来许多复杂和困难的问题。熟悉基本建设程序和建设施工程序及基本建设项目的组成，做好充分的施工准备工作，进行拟建工程的实地勘测和调查，获得有关数据的第一手资料，这对于科学有效地组织流水施工是非常重要的。也是本节学习的重点内容。

1.1.1　基本建设与建筑施工程序

1. 基本建设的含义及分类

（1）基本建设的含义

基本建设是国民经济各部门、各单位新增固定资产的一项综合性的经济活动，它通过新建、扩建、改建和恢复工程等投资活动来完成。基本建设是国民经济的组成部分。国民经济各部门都有基本建设经济活动，它包括建设项目的投资决策，建设布局，技术决策，环保、工艺流程的确定，设备选型，生产准备，以及对工程建设项目的规划、勘察、设计和施工等活动。有计划、有步骤地进行基本建设，对于扩大社会再生产、提高人民物质文化生活水平和加强国防实力具有重要意义。基本建设的具体作用表现在为国民经济各部门提供生产能力；影响和改变各产业部门内部、各部门之间的构成和比例关系；使全国生产力的配置更趋合理；用先进的技术改造国民经济；为社会提供住宅、文化设施、市政设施等；为解决社会重大问题提供物质基础。

（2）基本建设的分类

从全社会角度来看，基本建设是由多个建设项目组成的。基本建设项目一般是指在一个总体设计或初步设计范围内，由一个或几个有内在联系的单位工程所组成的、在经济上实行统一核算，行政上有独立组织形式，实行统一管理的建设单位。凡属于总体进行建设的主体工程和附属配套工程、供水供电工程等，均应作为一个工程建设项目，不能将其按地区或施工承包单位划分为若干个工程建设项目。此外，也不能将不属于一个总体设计范围内的工程，按各种方式归算为一个工程建设项目。

基本建设项目可以按以下标准分类。

1）按建设性质分类，基本建设项目可分为新建项目、扩建项目、改建项目、迁建项目和恢复项目。

① 新建项目：指根据国民经济和社会发展的近远期规划，按照规定的程序立项，从无到有地建设项目。现有企业、事业和行政单位一般没有新建项目，只有当新增加的固定资产价值超过原有全部固定资产价值（原值）3倍以上时，才可算作新建项目。

② 扩建项目：指企业为扩大生产能力或新增效益而增建的生产车间或工程项目，以及事业和行政单位增建的业务用房等。

③ 改建项目：指为了提高生产效率、改变产品方向、提高产品质量及综合利用原材料等，而对原有固定资产或工艺流程进行技术改造的工程项目。

④ 迁建项目：指现有企业、事业单位为改变生产布局、考虑自身的发展前景或出于环境保护等其他特殊要求，搬迁到其他地点进行建设的项目。

⑤ 恢复（重建）项目：指原固定资产因自然灾害或人为灾害等原因已全部或部分报废，又在原地投资重新建设的项目。

基本建设项目按其性质分为上述五类，一个基本建设项目只能有一种性质，在项目按总体设计全部建成之前，其建设性质是始终不变的。

2）按投资作用分类，基本建设项目按其投资在国民经济各部门中的作用，分为生产性建设项目和非生产性建设项目。

① 生产性建设项目：指直接用于物质生产或直接为物质生产服务的建设项目，包括工业建设、农业建设、基础设施建设、商业建设等。

② 非生产性建设项目：指用于满足人民物质和文化、福利需要的建设和非物质生产部门的建设，包括办公用房、居住建筑、公共建筑、其他建设等。

3）按建设项目建设总规模和投资的多少分类，基本建设项目划分为大型、中型、小型三类。对于工业项目来说，基本建设项目按项目的设计生产能力或总投资额划分，其划分项目等级的原则为：按批准的可行性研究报告（或初步设计）所确定的总设计能力或投资总额的大小，依据国家颁布的《基本建设项目大中小型划分标准》进行分类。也就是说：生产单一产品的项目，一般以产品的设计生产能力划分；生产多种产品的项目，一般按照其主要产品的设计生产能力划分；产品分类较多、不易分清主次、难以按产品的设计能力划分时，按其投资额划分。按生产能力划分的建设项目，以国家对各行各业的具体规定作为标准；按投资额划分的基本建设项目，能源、交通、原材料部门投资额超过 5000 万元的为大中型建设项目，其他部门和非工业建设项目投资额超过 3000 万元的为大中型建设项目。对于非工业项目，基本建设项目按项目的经济效益或总投资额划分。

4）按行业性质和特点划分，根据工程建设的经济效益、社会效益和市场需求等基本特性，可以将其划分为竞争性项目、基础性项目和公益性项目三种。

① 竞争性项目：主要是指投资效益比较高、竞争性比较强的一般建设项目。

② 基础性项目：主要是指具有自然垄断性、建设周期长、投资额大而收益低的基础设施和需要政府重点扶持的一部分基础工业项目，以及直接增强国力的符合经济规模的支柱产业项目。

③ 公益性项目：主要包括科技、文教、卫生、体育和环保等设施，公、检、法等政权机关及政府机关、社会团体的办公设施，国防建设等。

2. 基本建设程序

基本建设程序是基本建设项目从策划、选择、评估、决策、设计、施工、竣工验收到投入生产或交付使用的整个建设过程中，各项工作必须遵循的先后工作次序。基本建设程序是经过大量实践工作所总结出来的工程建设过程中客观规律的反映，是工程项目科学决策和顺利进行的重要保证。一般大中型及限额以上基本建设项目程序（图 1-2）可分为以下几个阶段。

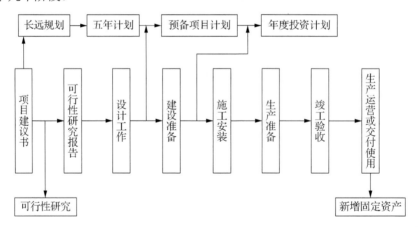

图 1-2　一般大中型及限额以上基本建设项目程序简图

（1）决策阶段

决策阶段包括项目建议书、可行性研究等内容。

1）项目建议书。项目建议书是由业主单位提出的要求建设某一项目的建议性文件，是对工程项目建设的轮廓设想。项目建议书的主要作用是推荐一个项目，论述其建设的必要性、建设条件的可行性和获利的可能性。根据国民经济中长期发展规划和产业政策，其由审批部门审批。

项目建议书的内容视项目的不同而有繁有简，但一般应包括以下几方面的内容。

① 建设项目提出的必要性和依据。

② 产品方案、拟建规模和建设地点的初步设想。

③ 资源情况、建设条件、协作关系等的初步分析。

④ 投资估算和资金筹措设想。

⑤ 经济效益和社会效益初步估计。

项目建议书按要求编制完成后，应根据建设规模分别报送有关部门审批。项目建议书经审批后，就可以进行详细的可行性研究工作了，但并不表示项目非上不可，项目建议书并不是项目的最终决策。

2）可行性研究。可行性研究是对工程项目在技术上是否可行和经济上是否合理进行科学的分析和论证，在评估论证的基础上，由审批部门对项目进行审批。经批准的可行性研究报告是进行初步设计的依据。可行性研究报告的主要内容因项目性质不同而有所不同，但一般应包括以下内容。

① 项目的背景和依据。

② 需求预测及拟建规模、产品方案、市场预测和确定依据。

③ 技术工艺、主要设备和建设标准。

④ 资源、原料、动力、运输、供水及公用设施情况。

⑤ 建厂条件、建设地点、厂区布置方案、占地面积。

⑥ 项目设计方案及协作配套条件。

⑦ 环境保护、规划、抗震、防洪等方面的要求及相应措施。

⑧ 建设工期和实施进度。

⑨ 生产组织、劳动定员和人员培训。

⑩ 投资估算和资金筹措方案。

⑪ 财务评价和国民经济评价。

⑫ 经济评价和社会效益分析。

可行性研究报告经批准后，建设项目才算正式"立项"。

（2）设计文件阶段

设计是对拟建工程的实施在技术上和经济上所进行的全面而详尽的安排，即建设单位、委托设计单位，按照可行性研究报告的有关要求，按建设单位提出的技术、功能、质量等要求来对拟建工程进行图纸方面的详细说明。它是基本建设计划的具体化，同时也是组织施工的依据。对于重大的工程项目要进行三段设计：初步设计、技术设计和施工图设计。中小型项目可按两段设计进行：初步设计和施工图设计。

1）初步设计是根据批准的可行性研究报告和比较准确的设计基础资料所做的具体实施方案，目的是阐明在指定的地点、时间和投资控制数额内，拟建工程在技术上的可能性和经济上的合理性，并通过对工程项目所做出的基本技术经济规定，编制项目总概算。

2）技术设计是根据初步设计和更详细的调查研究资料，进一步解决初步设计中的重大技术问题，如工艺流程、建筑结构、设备选型及数量确定等，并修正总概算。

3）施工图设计是根据批准的扩大初步设计或技术设计的要求，结合现场实际情况，完整地表现建筑物外形、内部空间分割、结构体系、构造状况及建筑群的组成和周围环境的配合。它还包括各种运输、通信、管道系统、建筑设备的设计。在工艺方面，应具体确定各种设备的型号、规格及各种非标准设备的制造加工过程。在施工图设计阶段应编制施工图预算。

（3）建设准备阶段

项目在开工前要切实做好各项准备工作，其主要包括以下内容。

1）征地、拆迁和场地平整。

2）完成施工用水、电、路等畅通工作。

3）组织设备、材料订货。

4）准备必要的施工图纸。

5）组织施工招标，择优选定施工单位。

（4）建设实施阶段

建设实施阶段包括施工安装阶段、生产准备阶段等内容。

1）施工安装阶段。工程项目经批准开工建设，项目即进入施工阶段。项目新开工的时间，是指工程建设项目设计文件中规定的任何一项永久性工程第一次正式破土开槽开始施工的日期。施工安装活动应按照工程设计要求、施工合同条款及施工组织设计，在保证工程质量、工期、成本及安全、环保等目标的前提下进行，达到竣工验收标准后，由施工单位移交给建设单位。

2）生产准备阶段。对于生产性工程建设项目而言，生产准备是项目投产前由建设单位进行的一项重要工作。它是衔接建设和生产的桥梁，是项目建设转入生产经营的必要条件。生产准备工作的内容根据项目或企业的不同也各不相同，但一般应包括以下内容。

① 招收和培训生产人员。

② 组织准备。

③ 技术准备。

④ 物资准备。

（5）竣工验收、交付使用阶段

当工程项目按设计文件规定的内容和施工图纸的要求建设完成后，便可组织验收。竣工验收前，由建设单位组织设计、施工、监理等单位进行初验，然后向主管部门提出竣工验收报告，之后系统整理技术资料、绘制竣工图并编号，进行竣工决算，最后报有关部门审批竣工验收。这是工程建设过程的最后一环，是投资成果转入生产或使用的标志，也是全面考核基本建设成果、检验设计和工程质量的重要步骤。工程项目竣工验收、交付使用，应达到下列标准。

1）生产性项目和辅助公用设施已按设计要求建设完成，能满足要求。

2）主要工艺设备已安装配套，经联动负荷试车合格，形成生产能力，能够生产出设计文件规定的产品。

3）职工宿舍和其他必要的生产福利设施，能适应投产初期的需要。

4）生产准备工作能适应投产初期的需要。

5）环境保护设施、劳动安全卫生设施、消防设施已按设计要求与主体工程同时建成使用。

3. 建筑施工程序

建筑施工程序是拟建工程项目在整个施工阶段中必须遵循的先后顺序。这个顺序反映了整个施工阶段遵循的客观规律，它一般包括以下五个阶段。

（1）承接施工任务

施工单位承接施工任务的方式包括招投标承包和协商议标承包；除了以上两种方式外，还有一些国家重点建设项目由国家或上级主管部门直接下达给施工企业。

（2）签订施工合同

承接施工任务后，建设单位与施工单位应根据《中华人民共和国合同法》和《中华人民共和国建筑法》的有关规定及要求签订施工合同。施工合同应规定承包的内容、要求、工期、质量、造价及材料供应等，明确合同双方应承担的义务和职责及应完成的施工准备工作。施工合同经双方法人代表签字后具有法律效力，必须共同遵守。

（3）做好施工准备，提出开工报告

首先调查收集相关资料，进行现场勘查，熟悉图纸，编制施工组织总设计。然后依据批准后的施工组织总设计，施工单位应与建设单位密切配合，抓紧落实各项施工准备工作，如会审图纸，编制单位工程施工组织设计，落实劳动力、材料、构件、施工机具及现场七通一平等。具备开工条件后，提出开工报告并经审查批准，即可正式开工。

（4）组织施工

施工单位应按照施工组织设计精心施工。一方面，应从施工现场的全局出发，加强各个单位、各部门的配合与协作，协调解决各方面的问题，使施工活动顺利开展；另一方面，应加强技术、材料、质量、安全、进度等各项管理工作，落实施工单位内部承包的经济责任制，全面做好各项经济核算与管理工作，严格执行各项技术、质量检测制度，抓紧工程收尾和竣工工作。

（5）竣工验收、交付使用

竣工验收是施工的最后阶段，在竣工验收前，施工企业内部应先进行预验收，检查各分部分项工程的施工质量，整理各项交工验收的技术经济资料。在此基础上，由建设单位或委托监理单位组织竣工验收，经有关部门验收合格后，办理验收签证书，并交付使用。

4. 建设项目的组成

建设项目是指按一个总体设计组织施工，建成后具有完整的系统，可以独立地形成生产能力或使用价值的建设工程，如一所学校、一个工厂、一所医院。工程建设项目可分为单项工程、单位工程、分部工程和分项工程。

（1）单项工程

凡是具有独立的设计文件，竣工后可以独立发挥生产能力或效益的工程，称为一个单项工程。一个建设项目可由一个单项工程组成，也可由若干个单项工程组成。单项工程体现了建设项目的主要建设内容，其施工条件往往具有相对的独立性。例如，民用建设项目中，学校的教学楼、图书馆、办公楼和学生宿舍等；工业建设项目中，工厂的各独立的生产车间、实验楼等都可以称为一个单项工程。

（2）单位工程

凡是具有独立的设计文件，可以独立施工，但竣工后不能独立发挥生产能力或效益的工程，称为一个单位工程，如教学楼和宿舍楼的土建工程、管道安装工程、设备安装工程等。

（3）分部工程

分部工程是组成单位工程的若干个分部，一般按专业性质、建筑部位及使用的材料设备等不同划分，如教学楼和宿舍楼的基础工程、主体工程、屋面工程、装饰工程。

（4）分项工程

分项工程是组成分部工程的若干个施工过程，一般按照施工方法或所用材料、构件的种类不同划分，如教学楼和宿舍楼的基础工程中包括挖土、垫层、砖基础（钢筋混凝土基础）、回填土。

1.1.2 建筑产品及其生产的特点

建筑产品是建筑施工的最终成果，建筑产品多种多样，但归纳起来有体形庞大、整体难分、不能移动等特点。这些特点就决定了建筑产品生产与一般的工业产品生产不同，只有对建筑产品及其生产的特点进行研究，才能更好地组织建筑产品的生产，保证产品的质量。

1. 建筑产品的特点

与一般工业产品相比，建筑产品具有自己的特点。

（1）建筑产品的固定性

建筑产品是按照使用要求在固定地点兴建的，建筑产品的基础与作为地基的土地直接联系，因而建筑产品在建造中和建成后是不能移动的，建筑产品建在哪里就在哪里发挥作用。在有些情况下，一些建筑产品本身就是土地不可分割的一部分，如油气田、桥梁、地铁、水库等。固定性是建筑产品与一般工业产品的最大区别。

（2）建筑产品的庞体性

建筑产品是生产与生活的场所，要在其内部布置各种生产与生活所必需的设备与用具，因而与其他工业产品相比，建筑产品体形庞大，占有广阔的空间，排他性很强。因其体积庞大，建筑产品对城市的形成影响很大，城市必须控制建筑区位、面积、层高、层数、密度等，建筑必须服从城市规划的要求。

（3）建筑产品的多样性

建筑产品一般是由设计和施工部门根据建设单位（业主）的委托，按特定的要求进行设计和施工的。由于对建筑产品的功能要求多种多样，因此对每一建筑产品的结构、造型、空间分割、设备配置、内外装饰都有具体的要求。即使功能要求相同、建筑类型相同，但由于地形、地质等自然条件不同及交通运输、材料供应等社会条件不同，在建造时施工组织、施工方法也存在差异。建筑产品的这种多样性特点决定了建筑产品不能像一般工业产品那样进行批量生产。

（4）建筑产品的复杂性

建筑产品是一个完整的固定资产实物体系，其不仅在土建工程的艺术风格、建筑功能、结构构造、装饰做法等方面堪称一种复杂的产品，而且工艺设备、采暖通风、供水供电、卫生设备、智能系统等各类设施错综复杂。

2. 建筑产品生产的特点

（1）建筑产品生产的流动性

建筑产品生产的流动性有两层含义。

1）建筑产品是在固定地点建造的，生产者和生产设备要随着建筑物建造地点的变更而流动，相应材料、附属生产加工企业、生产和生活设施也经常迁移，使建筑生产费用增加。同时，由于建筑产品生产现场和规模都不固定，需求变化大，要求建筑产品生产者在生产时遵循弹性组织原则。

2）由于建筑产品固定在土地上，与土地相连，在生产过程中，产品固定不动，人、材料、机械设备围绕着建筑产品移动，要从一个施工段移动到另一个施工段，从房屋的一个部位转移到另一个部位。许多不同的工种，在同一对象上进行作业，不可避免地会产生施工空间和时间上的矛盾。这就要求有一个周密的施工组织设计，使流动的人、机、物等互相协调配合，做到连续、均衡施工。

（2）建筑产品生产的周期长（长期性）

建筑产品的体积庞大决定了建筑产品的生产周期长，有的建筑项目，少则1～2年，多则3～4年、5～6年，甚至10年以上。因此它必须长期大量占用和消耗人力、物力及财力，要到整个生产周期完结，才能出产品。故应科学地组织建筑生产，不断缩短生产周期，尽快提高投资效果。

（3）建筑产品生产的个别性（单件性）

建筑产品的多样性决定了建筑产品生产的单件性。每项建筑产品都是按照建设单位的要求进行设计与施工的，都有其相应的功能、规模和结构特点，所以工程内容和实物形态都具有个别性、差异性。而工程所处的地区、地段不同更增强了建筑产品的差异性，同一类型工程或标准设计，在不同的地区、季节及现场条件下，施工准备工作、施工工艺和施工方法不尽相同，所以建筑产品只能是单件生产，而不能按通用定型的施工方案重复生产。

这一特点就要求施工组织设计编制者考虑设计要求、工程特点、工程条件等因素，制定出可行的施工组织方案。

（4）建筑产品的生产过程具有综合性

建筑产品的生产首先由勘察单位进行勘测，设计单位进行设计，建设单位进行施工准备，建安工程施工单位进行施工，最后经过竣工验收，交付使用。建安工程施工单位在生产过程中，要和业主、金融机构、设计单位、监理单位、材料供应部门、分包等单位配合协作。由于生产过程复杂、协作单位多，因此建筑产品的生产是一个特殊的生产过程，这就决定了其生产过程具有很强的综合性。

（5）建筑产品的生产受外部环境的影响较大

建筑产品体积庞大，使建筑产品不具备在室内生产的条件，一般要求露天作业，其生产受到风、霜、雨、雪、温度等气候条件的影响；建筑产品的固定性决定了其生产过程会受到工程地质、水文条件变化的影响，以及地理条件和地域资源的影响。这些外部影响对工程进度、工程质量、建造成本等都有很大的影响。这一特点要求建筑产品生产者要提前进行原始资料调查，制定合理的季节性施工措施、质量保证措施、安全保证措施等，科学地组织施工，使生产有序地进行。

（6）建筑产品生产的过程具有连续性

建筑产品不能像其他许多工业产品一样可以分解为若干部分同时生产，而必须在同一固定场地上按严格程序连续生产，上一道工序不完成，下一道工序就不能进行。建筑产品是持续不断的劳动过程的成果，只有全部生产过程完成，才能发挥其生产能力或使用价值。一个建设工程项目从立项到投产使用要经历五个阶段，即设计前的准备阶段（包括项目的可行性研究和立项）、设计阶段、施工阶段、使用前的准备阶段（包括竣工验收和试运行）和保修阶段。这是一个不可间断的、完整的周期性生产过程，它要求在生产过程中各阶段、各环节、各项工作必须有条不紊地组织起来，在时间上不间断，空间上不脱节。要求生产过程的各项工作必须合理组织、统筹安排，遵守施工程序，按照合理的施工顺序科学地组织施工。

由上可知，建筑产品与其他工业产品相比，有其独具的一系列技术经济特点，现代建筑施工已成为一项十分复杂的生产活动。这就对施工组织与管理工作提出了更高的要求，表现在以下方面。

1）建筑产品的固定性和其生产的流动性，构成了建筑施工中空间上的分布与时间上的排列的主要矛盾。建筑产品具有体积庞大和高值性的特点，这就决定了在建筑施工中要投入大量的生产要素（劳动力、材料、机具等），同时为了迅速完成施工任务，在保证材料、物资供应的前提下，最好有尽可能多的工人和机具同时进行生产。而建筑产品的固定性又决定了在建筑生产过程中，各种工人和机具只能在同一场所的不同时间，或在同一时间的不同场所进行生产活动。要顺利进行施工，就必须正确地处理这一主要矛盾。在编制施工组织设计时要通盘考虑，优化施工组织，合理组织平行、交叉、流水作业，使生产要素按一定的顺序、数量和比例投入，使所有的工人、机具各得其所，各尽其能，实现时间、空间的最佳利用，以达到连续、均衡地施工。

2）建筑产品具有多样性和复杂性，每一个建筑物或建筑群的施工准备工作、施工工艺方法、施工现场布置等均不相同。因此在编制施工组织设计时必须根据施工对象的特点和规模、地质水文、气候、机械设备、材料供应等客观条件，从运用先进技术、提高经济效益出发，做到技术和经济统一，并选择合理的施工方案。

3）建筑施工具有生产周期长、综合性强、技术间歇性强、露天作业多、受自然条件影响大、工程性质复杂等特点，进一步增加了建筑施工中矛盾的复杂性，这就要求施工组织设计要考虑全面，事先制定相应的技术、质量、安全、节约等保证措施，避免质量安全事故，确保安全生产。

另外，在建筑施工中，需要组织各种专业的建筑施工单位和不同工种的工人，组织数量众多的各类建筑材料、制品和构配件的生产、运输、储存和供应工作，组织各种施工机械设备的供应、维修和保养工作。同时，还要组织好施工临时供水、供电、供热、供气，以及生活所需的各种临时设施。其间的协作配合关系十分复杂。这要求在编制施工组织设计时要考虑施工的各个方面和各个阶段的联系配合问题，合理安排资源供应，精心规划施工平面布置，合理部署施工现场，实现文明施工，降低工程成本，发挥投资效益。

总之，由于建筑产品及其生产的特点，要求每个工程开工之前，根据工程的特点和要求，结合工程施工的条件和程序，编制出拟建工程的施工组织设计。建筑施工组织设计应按照基本建设程序和客观的施工规律的要求，从施工全局出发，研究施工过程中带有全局性的问题。施工组织设计包括确定开工前的各项准备工作、选择施工方案、安排劳动力和各种技术物资的组织与供应、安排施工进度，以及规划和布置现场等。施工组织设计用以全面安排和正确指导施工的顺利进行，以达到工期短、质量优、成本低的目标。

1.1.3　施工组织设计

1. 施工组织设计的概念及作用

（1）施工组织设计的概念

施工组织设计是规划和指导拟建工程从工程投标、签订承包合同、施工准备到竣工验收全过程的一个综合性的技术经济文件，是对拟建工程在人力和物力、时间和空间、技术和组织等方面所做的全面、合理的安排，是沟通工程设计和施工之间的桥梁。作为指导拟建工程项目的全局性文件，施工组织既要体现拟建工程的设计和使用要求，又要符合建筑施工的客观规律。它应尽量适应施工过程的复杂性和具体施工项目的特殊性，通过科学、经济、合理的规划安排，使工程项目能够连续、均衡、协调地进行施工，满足工程项目对工期、质量、投资方面的各项要求。

（2）施工组织设计的作用

施工组织设计是用以指导施工组织与管理、施工准备与实施、施工控制与协调、资源的配置与使用等全面性的技术经济文件，是对施工活动的全过程进行科学管理的重要手段。其作用具体表现在以下几个方面。

1）施工组织设计是施工准备工作的重要组成部分，同时又是做好施工准备工作的依据和保证。

2）施工组织设计是根据工程各种具体条件拟定的施工方案、施工顺序、劳动组织和技术组织措施等，是指导开展紧凑、有序施工活动的技术依据。

3）施工组织设计所提出的各项资源需要量计划，直接为组织材料、机具、设备、劳动力需要量的供应和使用提供数据。

4）通过编制施工组织设计，可以合理地利用和安排为施工服务的各项临时设施，可以合理地部署施工现场，确保文明施工、安全施工。

5）通过编制施工组织设计，可以将工程的设计与施工、技术与经济、施工全局性规律和局部性规律、土建施工与设备安装、各部门之间、各专业之间进行有机的结合，统一协调。

6）通过编制施工组织设计，可分析施工中的风险和矛盾，及时研究解决问题的对策、措施，从而提高施工的预见性，减少施工的盲目性。

7）施工组织设计是统筹安排施工企业生产的投入与产出过程的关键和依据。工程产品的生产和其他工业产品的生产一样，都是按要求投入生产要素，通过一定的生产过程生产出成品，而中间转换的过程离不开管理。施工企业也是如此，从承接工程任务开始到竣工验收、交付使用为止的全部施工过程的计划、组织和控制的基础就是科学的施工组织设计。

8）施工组织设计可以指导投标与签订工程承包合同，并作为投标书的内容和合同文件的一部分。

2. 施工组织设计的分类

施工组织设计是一个总的概念，根据工程项目的类别、工程规模、编制阶段、编制对象和范围的不同，在编制的深度和广度上也有所不同。

（1）按施工组织设计阶段的不同分类

根据工程施工组织设计阶段和作用的不同，工程施工组织设计可以划分为两类：一类是投标前编制的施工组织设计（简称标前设计），另一类是签订工程承包合同后编制的施工组织设计（简称标后设计）。两类施工组织设计的不同点见表1-1。

表1-1 标前、标后施工组织设计的不同点

种类	服务范围	编制时间	编制者	主要特征	主要追求目标
标前设计	投标与签约	投标前	经营管理层	规划性	中标和经济效益
标后设计	施工准备至验收	签约后开工前	项目管理层	作业性	施工效率和效益

（2）按施工组织设计的工程对象分类

按施工组织设计的工程对象分类，工程施工组织设计可分为施工组织总设计、单位工程施工组织设计及分部（分项）工程施工组织设计。

1）施工组织总设计。施工组织总设计是以整个建设项目或民用建筑群为对象编制的，用以指导整个工程项目施工全过程的各项施工活动的全局性、控制性文件。它是对整个建设项目的全面规划，涉及范围较广，内容比较概括。施工组织总设计一般在初步设计或扩大初步设计被批准之后，由总承包企业的总工程师负责，会同建设、设计和分包单位的工程师共同编制。施工组织总设计用于确定建设总工期、各单位工程开展的顺序及工期、主要工程的施工方案、各种物资的供需计划、全工地性暂设工程及准备工作、施工现场的布置等工作，同时它也是施工单位编制年度施工计划和单位工程施工组织设计的依据。

2）单位工程施工组织设计。单位工程施工组织设计是以一个单位工程（一个建筑物或构筑物，一个交工系统）为编制对象的，用以指导其施工全过程的各项施工活动的局部性、指导性文件。它是施工单位年度施工计划和施工组织总设计的具体化，用以直接指导单位工程的施工活动，是施工单位编制作业计划和制订季、月、旬施工计划的依据。单位工程施工组织设计一般在施工图设计完成后，在拟建工程开工之前，由工程项目的技术负责人负责编制。单位工程施工组织设计，根据工程规模、技术复杂程度不同，其编制内容的深度和广度也有所不同。对于简单的单位工程，施工组织设计一般只编制施工方案并附以施工进度和施工平面图，即"一案、一图、一表"。

3）分部（分项）工程施工组织设计。分部（分项）工程施工组织设计也叫分部（分项）工程施工作业设计。它是以分部（分项）工程为编制对象，用以具体实施其分部（分项）工程施工全过程的各项施工活动的技术、经济和组织的实施性文件。一般对于工程规模大、技术复杂、施工难度大或采用新工艺、新技术施工的建筑物或构筑物，在编制单位工程施工组织设计之后，常需对某些重要的又缺乏经验的分部（分项）工程再深入编制专业工程的具体施工设计，如深基础工程、大型结构安装工程、高层钢筋混凝土主体结构工程、无黏结预应力混凝土工程、定向爆破、冬雨期施工、地下防水工程等。分部（分项）工程施工组织设计一般在单位工程施工组织设计确定了施工方案后，由施工队（组）技术人员负责编制，其内容具体、详细、可操作性强，是直接指导分部（分项）工程施工的依据。

施工组织总设计、单位工程施工组织设计和分部（分项）工程施工组织设计，是同一工程项目不同广度、深度和作用的三个层次。

1.1.4 组织施工的原则

（1）贯彻执行党和国家关于基本建设各项制度，坚持基本建设程序

我国对基本建设项目必须实行严格的审批制度、施工许可制度、从业资格管理制度、招标投标制度、总承包制度、发承包合同制度、工程监理制度、建筑安全生产管理制度、工程质量责任制度、竣工验收制度等。这些制度为建立和完善建筑市场的运行机制、加强建筑活动的实施与管理，提供了重要的法律依据，必须认真贯彻执行。建设程序是指建设项目从决策、设计、施工到竣工验收整个建设过程中各个阶段及其先后顺序。各个阶段有着不容分割的联系，但不同的阶段有不同的内容，既不能相互代替，也不能颠倒或跳跃。实践证明，凡是坚持建设程序，基本建设就能顺利进行，就能充分发挥投资的经济效益；反之，违背了建设程序，就会造成施工混乱，影响质量、进度和成本，甚至对建设工作带来严重的危害。因此，坚持建设程序，是工程建设顺利进行的有力保证。

（2）严格遵守国家和合同规定的工程竣工及交付使用期限

对总工期较长的大型建设项目，应根据生产或使用的需要，安排分期分批建设、投产或交付使用，以期早日发挥建设投资的经济效益。在确定分期分批施工的项目时，必须注意使每期交工的项目可以独立地发挥效用，即主要项目同有关的辅助项目应同时完

工，可以立即交付使用。

（3）合理安排施工程序和顺序

建筑产品的特点之一是产品的固定性，这使建筑施工各阶段工作始终在同一场地上进行。没有前一段的工作，后一段工作就不能进行，即使它们之间交叉搭接地进行，也必须严格遵守一定的程序和顺序。施工程序和顺序反映客观规律的要求，其安排应符合施工工艺，满足技术要求，有利于组织立体交叉、流水作业，有利于为后续工程施工创造良好的条件，有利于充分利用空间、争取时间。

（4）尽量采用国内外先进施工技术，科学地确定施工方案

先进的施工技术是提高劳动生产率、改善工程质量、加快施工进度、降低工程成本的主要途径。在选择施工方案时，要积极采用新材料、新设备、新工艺和新技术，努力为新结构的推行创造条件；要注意结合工程特点和现场条件，使技术的先进适用性和经济合理性相结合，还要符合施工验收规范、操作规程的要求和遵守有关防火、保安及环卫等规定，确保工程质量和施工安全。

（5）采用流水施工方法和网络计划技术安排进度计划

在编制施工进度计划时，应从实际出发，采用流水施工方法组织均衡施工，以达到合理使用资源、充分利用空间、争取时间的目的。网络计划技术是当代计划管理的有效方法，采用网络计划技术编制施工进度计划，可使计划逻辑严密、层次清晰、关键问题明确，同时便于对计划方案进行优化、控制和调整，并有利于电子计算机在计划管理中的应用。

（6）贯彻工厂预制和现场预制相结合的方针，提高建筑工业化程度

建筑技术进步的重要标志之一是建筑工业化，在制定施工方案时必须注意根据地区条件和构件性质，通过技术经济比较，恰当地选择预制方案或现场浇筑方案。确定预制方案时，应贯彻工厂预制与现场预制相结合的方针，努力提高建筑工业化程度，但不能盲目追求装配化程度的提高。

（7）充分发挥机械效能，提高机械化程度

机械化施工可加快工程进度，减轻劳动强度，提高劳动生产率。为此，在选择施工机械时，应充分发挥机械的效能，并使主导工程的大型机械如土方机械、吊装机械能连续作业，以减少机械台班费用；同时，还应使大型机械与中小型机械相结合，机械化与半机械化相结合，扩大机械化施工范围，实现施工综合机械化，以提高机械化施工程度。

（8）加强季节性施工措施，确保全年连续施工

为了确保全年连续施工，减少季节性施工的技术措施费用，在组织施工时，应充分了解当地的气象条件和水文地质条件。尽量避免把土方工程、地下工程、水下工程安排在雨期和洪水期施工，把混凝土现浇结构安排在冬期施工；高空作业、结构吊装则应避免在风季施工。对于那些必须在冬雨期施工的项目，则应采用相应的技术措施，既要确保全年连续、均衡施工，更要确保工程质量和施工安全。

（9）合理地部署施工现场，尽可能地减少暂设工程

在编制施工组织设计及现场组织施工时，应精心地进行施工总平面图的规划，合理地部署施工现场，节约施工用地；尽量利用正式工程、原有建筑物及已有设施，以减少

各种临时设施；尽量利用当地资源，合理安排运输、装卸与储存作业，减少物资运输量，避免二次搬运。

　　【例 1-1】　某医院有门诊楼、急诊楼、住院部、行政办公楼等，其建设项目分解如图 1-3 所示。问：1）该医院急诊楼由哪些工程组成？2）A 施工单位分包承揽了该医院的装饰工程施工任务，应编制什么类型的施工组织设计？

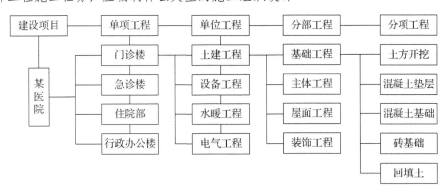

图 1-3　某医院建设项目的分解

　　解：1）因为一个单项工程或几个单项工程构成一个建设项目，其中一个单项工程由几个单位工程组成，一个单位工程由几个分部工程组成，一个分部工程又由若干个分项工程组成，所以急诊楼由土建工程、设备工程、水暖工程和电气工程组成，其中土建工程由基础工程、主体工程、屋面工程和装饰工程等组成，而基础工程又由土方开挖、混凝土垫层、混凝土基础、砖基础和回填土工程组成。

　　2）因为装饰工程属于分部工程，所以 A 施工单位应编制分部工程施工方案。

1.2　流水施工概述

案例引入 ✍

　　某基础工程施工分为挖土、垫层、砖基础、回填土四个施工过程，它们的节拍分别为挖土 2d、垫层 1d、砖基础 3d、回填土 1d。四栋房屋（四个施工段）的人数分别为 15 人、30 人、20 人、10 人。试分别按顺序施工、平行施工、流水施工绘制进度计划。

　　流水施工是指所有的施工过程按一定的时间间隔依次投入施工，各个施工过程陆续开工、陆续竣工，使同一施工过程的施工班组保持连续、均衡施工，不同施工过程尽可能平行搭接施工的组织方式。

　　流水施工方式是建筑安装工程施工最有效、最科学的组织方法，是实际中组织施工的最常用的一种方式。

　　建设项目组织施工的基本方式有顺序施工、平行施工和流水施工三种，这三种方式各有特点，适用的范围各异。下面我们将围绕案例对三种施工方式做简单的讨论。

1. 顺序施工

顺序施工也称依次施工，是按照建筑工程内部各分项、分部工程内在的联系和必须遵循的施工顺序，不考虑后续施工过程在时间上和空间上的相互搭接，而依照顺序组织施工的方式。顺序施工往往是前一个施工过程（或工序）完成后，下一个施工过程才开始，一个工程全部完成后，另一个工程的施工才开始。

将上述四栋房屋的基础工程组织顺序施工，其施工进度安排如图 1-4 和图 1-5 所示。

如图 1-4 所示，该基础工程有四个施工过程，每个过程分为四段（四栋房屋），每个过程需要一个专业队伍来完成。首先组织顺序施工，挖土过程的四段施工完成后，然后才进行垫层过程的四段施工，以此类推，完成全部四个施工过程需要工期 28d。

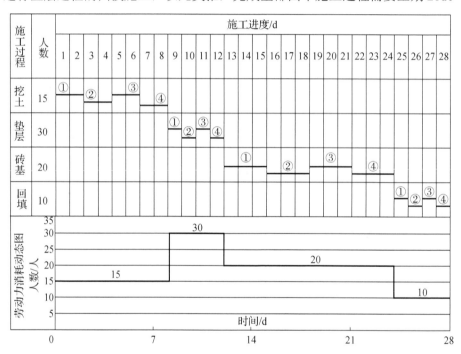

图 1-4 顺序施工进度（按施工过程）

如图 1-5 所示，该基础工程有四个施工过程，每个过程分为四段（四栋房屋），每个过程需要一个专业队伍来完成。首先组织顺序施工，一栋楼的基础工程的四个施工过程完成后，然后才进行另一栋楼的基础工程的四个施工，以此类推，完成基础工程需要工期 28d。

顺序施工的优、缺点及适用范围如下。

1）优点：每天投入的劳动力较少，机具设备使用不很集中，材料供应较单一，施工现场管理简单，便于组织和安排。

2）缺点：工期较长，施工无法保持连续、均衡，工人有窝工现象。

3）适用范围：工程规模较小、施工作业面有限的工程。

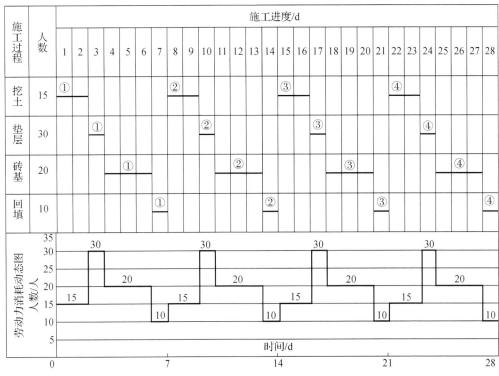

图 1-5　顺序施工进度（按施工段）

2. 平行施工

平行施工是指全部工程任务的各施工过程同时开工，同时完成的一种施工组织方式。

案例引入中，每个施工过程的四个施工段安排四个相应的专业队伍同时施工，齐头并进，同时完工。按照这样的方式组织施工，其具体安排如图 1-6 所示，由图可知工期为 7d。

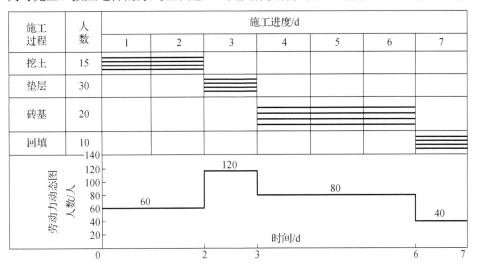

图 1-6　平行施工进度

平行施工的优、缺点及适用范围如下。

1）优点：能充分利用工作面，完成工程任务的时间最短，即施工工期最短。

2）缺点：施工班组数成倍增加，造成组织安排和施工管理困难，增加施工管理费用。

3）适用范围：工期要求紧，大规模的建筑群及分期分批组织施工的工程任务。

3. 流水施工

流水施工是指所有施工过程按一定的时间间隔依次投入施工，各个施工过程陆续开工、陆续竣工，使同一施工过程的施工班组保持连续、均衡的施工，不同的施工过程尽可能平行搭接施工的组织方式。

案例引入中，同一个施工过程，组织一个专业队伍在四个施工段上顺序施工，如挖土过程组织一个专业队伍，第一段完成干第二段，第二段完成干第三段，第三段完成干第四段，保证作业队伍连续施工，不出现窝工现象。不同的施工过程组织专业队伍尽量搭接平行施工，即充分利用上一施工工程的队伍作业完成留出的工作面，尽早进行组织平行施工，按照这种方式组织施工，其具体安排如图 1-7 所示，工期为 19d。

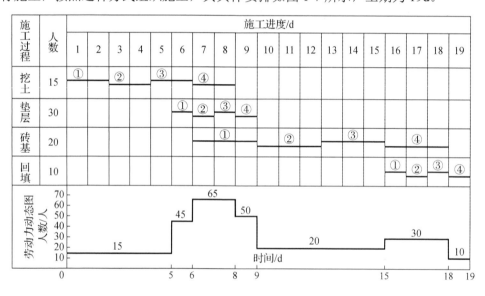

图 1-7　流水施工进度

流水施工的优点、适用范围及组织要点如下。

1）优点：

① 能合理充分地利用工作面，有利于缩短工期。

② 能保持各施工过程的连续性、均衡性，有利于提高管理水平。

③ 能使各施工班组在一定时期内保持相同的操作，有利于提高劳动生产率。

2）适用范围：流水施工是建筑中最合理、最科学的一种组织方式，适用于所有工程。

3）组织要点：

① 划分分部分项工程。

② 划分施工段。

③ 每个施工过程组织独立的施工班组。

④ 主要施工过程必须连续、均衡地施工。

⑤ 不同的施工过程尽可能组织平行搭接施工。

4. 三种组织施工方式的比较

由上面分析知，顺序施工、平行施工和流水施工是组织施工的三种基本方式，其特点及适用的范围不尽相同，三者的比较见表 1-2。

表 1-2　三种组织施工方式的比较

方式	工期	资源投入	评价	适用范围
顺序施工	最长	投入强度低	劳动力投入少，资源投入不集中，有利于组织工作。现场管理工作相对简单，可能会产生窝工现象	规模较小、工作面有限的工程
平行施工	最短	投入强度最高	资源投入集中，现场组织管理复杂，不能实现专业化生产	工程工期紧迫、资源有充分的保证及工作面允许情况下可采用
流水施工	较短，介于顺序施工与平行施工之间	投入连续、均衡	结合了顺序施工与平行施工的优点，作业队伍连续，充分利用工作面，是较理想的组织施工方式	一般项目均可

　　思考　某工程有 A、B、C 三个施工过程，每个施工过程划分为四个施工段，设 t_A=2d、t_B=4d、t_C=3d，人数分别为 20 人、30 人、15 人，试分别按顺序施工、平行施工、流水施工绘制施工进度计划。

5. 流水施工的表达、特点和经济性

（1）流水施工的表达

流水施工的表示方法，一般有横道图、垂直图表和网络图三种，其中最直观且易于接受的是横道图。

横道图又称甘特图（Gantt chart），是建筑工程中安排施工进度计划和组织流水施工时常用的一种表达方式，如图 1-4～图 1-6 所示。

1）横道图的形式。横道图中的横向表示时间进度，纵向表示施工过程或专业施工队编号。图中的横道线条的长度表示计划中的各项工作（施工过程、工序或分部工程、工程项目等）的作业持续时间，图中的横道线条所处的位置则表示各项工作的作业开始和结束时刻及它们之间相互配合的关系，横道线上的序号如Ⅰ、Ⅱ、Ⅲ等表示施工项目或施工段号。

2）横道图的特点。

① 能够清楚地表达各项工作的开始时间、结束时间和持续时间，计划内容排列整齐有序，形象直观。

② 能够按计划和单位时间统计各种资源的需求量。

③ 使用方便，制作简单，易于掌握。

④ 不容易分辨计划内部工作之间的逻辑关系，一项工作的变动对其他工作或整个计划的影响不能清晰地反映出来。

⑤ 不能表达各项工作之间的重要性、计划任务的内在矛盾，以及关键工作不能直接从图中反映出来。

（2）流水施工的特点

建筑生产流水施工的实质：由生产作业队伍并配备一定的机械设备，沿着建筑的水平方向或垂直方向，用一定数量的材料在各施工段上进行生产，使最后完成的产品成为建筑物的一部分，然后转移到另一个施工段上去进行同样的工作，该施工过程所空出的工作面，由下一施工过程的生产作业队伍采用相同的形式继续进行生产。如此不断地进行，这样确保了各施工过程生产的连续性、均衡性和节奏性。

建筑生产的流水施工有如下主要特点。

1）生产工人和生产设备从一个施工段转移到另一施工段，代替了建筑产品的流动。

2）建筑生产的流水施工既在建筑物的水平方向流动（平面流水），又沿建筑物的垂直方向流动（层间流水）。

3）在同一施工段上，各施工过程保持了顺序施工的特点，不同施工过程在不同的施工段上又最大限度地保持了平行施工的特点。

4）同一施工过程保持了连续施工的特点，不同施工过程在同一施工段上尽可能保持连续施工。

5）单位时间内生产资源的供应和消耗基本均衡。

（3）流水施工的经济性

流水施工的连续性和均衡性方便了各种生产资源的组织，使施工企业的生产能力可以得到充分的发挥，使劳动力、机械设备得到合理的安排和使用，提高了生产的经济效果，具体可归纳为以下几点。

1）便于施工中的组织与管理。由于流水施工的均衡性，因而避免了施工期间劳动力和其他资源使用过分集中，有利于资源的组织。

2）施工工期比较理想。由于流水施工的连续性，保证各专业队伍连续施工，减少了间歇，充分利用工作面，可以缩短工期。

3）有利于提高劳动生产率。由于流水施工实现了专业化的生产，为工人提高技术水平、改进操作方法及革新生产工具创造了有利条件，因而改善了工作的劳动条件，促进了劳动生产率的不断提高。

4）有利于提高工程质量。专业化的施工提高了工人的专业技术水平和熟练程度，为推行全面质量管理创造了条件，有利于保证和提高工程质量。

5）能有效降低工程成本。由于工期缩短、劳动生产率提高、资源供应均衡，各专业施工队连续、均衡作业，减少了临时设施数量，从而可以节约人工费、机械使用费、材料费和施工管理费等相关费用，有效地降低了工程成本。

1.3　流水施工的基本参数

案例引入 ✍

某工程划分为 A、B、C、D 四个施工过程，分四个施工段组织流水施工，各施工过程的流水节拍分别为 t_A=3d、t_B=4d、t_C=5d，t_D=3d；施工过程 B 完成后需要有 2d 的技术分析和组织间歇时间。试求各施工过程之间的流水步距及该工程的工期，并绘制流水施工进度图。

流水施工参数是影响流水施工组织节奏和效果的重要因素，是用以表达流水施工在工艺流程、空间布置及时间排列等方面开展状态的参数。在施工组织设计中，一般把流水施工参数分为三类，即工艺参数、空间参数和时间参数，其具体分类如图 1-8 所示。

图 1-8　流水施工参数的分类

1.3.1　工艺参数

工艺参数是指一组流水施工过程中所包含的施工过程（工序）数。任何一个建筑工程都由许多施工过程所组成。每一个施工过程的完成，都必须消耗一定量的劳动力、建筑材料，需有建筑设备、机具相配合，并且需消耗一定的时间和占有一定范围的工作面。因此施工过程是流水施工中最主要的参数，其数量和工程量是计算其他流水参数的依据。

1. 施工过程数 N 的确定

施工过程数是指参与流水施工的施工过程数目。施工过程用 N 来表示，它的多少与建筑的复杂程度及施工工艺等因素有关。

施工过程数与下列因素有关。

（1）与施工进度计划的性质和作用有关

1）编制控制性施工进度计划时，施工过程划分粗一些。

2）编制实施性施工进度计划时，施工过程划分尽量细。

（2）与施工方案有关

不同的施工方案，其施工顺序和方法也不相同，如框架主题结构采用的模板不同，其施工过程数就不相同。

（3）与劳动组织及劳动量大小有关

施工过程的划分与施工班组及施工习惯有关，如安装玻璃和油漆施工可以合并也可以分开，因为有的是混合班组。施工过程的划分与劳动量的大小有关，劳动量小的可以合并到其他施工过程。

依据工艺性质不同，施工过程可以分为以下三类。

（1）制备类施工过程

制备类施工过程是指为加工建筑成品、半成品或为提高建筑产品的加工能力而形成的施工过程，如钢筋的成形、构配件的预制及砂浆和混凝土的制备过程。

（2）运输类施工过程

运输类施工过程是指把建筑材料、成品、半成品和设备等运输到工地或施工操作地点而形成的施工过程。

（3）砌筑安装类施工过程

砌筑安装类施工过程是指在施工对象的空间上，进行建筑产品最终加工而形成的施工过程，如砌筑工程、浇筑混凝土工程、安装工程和装饰工程等施工过程。

在组织施工现场流水施工时，砌筑安装类施工过程占有主要地位，直接影响工期的长短，因此必须列入施工进度计划表。

由于制备类施工过程和运输类施工过程一般不占用施工对象的工作面，不影响工期，因而一般不列入流水施工进度计划表。

2. 流水强度的确定

流水强度是指每一施工过程在单位时间内所完成的工程量。

1）机械施工过程的流水强度的计算公式如下：

$$V = \sum_{i=1}^{x} R_i \times S_i \qquad （1\text{-}1）$$

式中：R_i——某种施工机械台数；

S_i——该种施工机械台班生产率；

x——用于同一施工过程的主导施工机种类数。

2）手工操作过程的流水强度的计算公式如下：

$$V = R \times S \qquad （1\text{-}2）$$

式中：R——每个工作队的工人人数；

S——每个工人每班产量定额。

【例 1-2】 某住宅楼的基础工程施工时，选用三台挖土机进行施工，其中两台挖土机的台班产量定额为 200m³/台班，另一台的台班产量定额为 100m³/台班，求其流水强度。

解：

$$V = \sum_{i=1}^{x} R_i \times S_i = 2 \times 200 + 1 \times 100 = 500（m^3）$$

1.3.2 空间参数

空间参数是指在组织流水施工时，用以表达流水施工在空间上开展状态的参数，主要包括工作面、施工段数 M 和施工层数 M'。

1. 工作面

工作面是指施工对象上可能安置多少工人操作或布置施工机械场所的大小。工作面根据专业工种的计划产量定额和安全施工技术规程确定，反映了工人操作、机械运转在空间布置上的具体要求。

在施工作业时，无论是人工还是机械都需要有一个最佳的工作面，才能发挥其最佳效率。最小工作面对应安排的施工人数和机械数是最多的。它决定了某个专业队伍的人数及机械数的上限，直接影响到某个工序的作业时间，因而工作面是否合理直接关系到作业效率和作业时间。

2．施工段数

施工段数是指拟建工程在平面上划分的若干个劳动量大致相等的施工区段，以 M 表示。

划分施工段是为组织流水施工提供必要的空间条件。其作用在于某一施工过程能集中施工力量，迅速完成一个施工段上的工作内容，以及早空出工作面为下一施工过程提前施工创造条件，从而保证不同的施工过程能同时在不同的工作面上进行施工。

在同一时间内，一个施工段只容纳一个专业施工队施工，不同的专业施工队在不同的施工段上平行作业，所以，施工段的数量将直接影响流水施工的效果。合理划分施工段，一般应遵循以下原则。

1）施工段的数目要适宜，应满足专业工种对工作面的空间要求，以发挥人工、机械的生产作业效率，因而施工段不宜过多，最理想的情况是平面上的施工段数与施工过程数相等。

2）以主导施工过程为依据。

3）施工段的分界与施工对象的结构界限（温度缝、沉降缝或单元尺寸）或栋号一致，以便保证施工质量。

4）各施工段的劳动量（或工程量）尽可能大致相等（相差宜在15%以内），以便保证施工质量。

5）当组织楼层结构的流水施工时，为使各施工班组能连续施工，上一层的施工必须在下一层对应部位完成后才能开始。所以，每一层的施工段数 M_0 必须大于或等于其施工过程数 N，即 $M_0 \geq N$。

划分施工段的一般部位有以下几种。

1）设置有伸缩缝、沉降缝的建筑工程，可按此缝为界划分施工段。

2）单元式的住宅工程，可按单元为界分段，必要时以半个单元为界分段。

3）道路、管线等按长度方向延伸的工程，可按一定长度作为一个施工段。

4）多栋同类型建筑，可以一栋房屋作为一个施工段。

3．施工层数

对于多层的建筑物、构筑物，应既分施工段，又分施工层。

施工层数是为满足竖向流水施工的需要，在建筑物垂直方向上划分的施工区段，以 M' 表示。通常以建筑物的结构层作为施工层，有时为方便施工，也可以按一定高度划分一个施工层，如单层工业厂房砌筑工程一般按 1.2～1.4m（即脚手架的高度）划分为一个施工层。

【例 1-3】 五层建筑，四段施工，求施工层数 M'、施工层总数 $M_总$。

解：

$$M' = 5，\quad M_总 = 4 \times 5 = 20$$

1.3.3　时间参数

1. 流水节拍

流水节拍是指从事某一施工过程的施工班组在一个施工段上完成施工任务所需要的时间，用符号 t_i 表示（i=1，2，3，…）。其大小受到投入的劳动力、机械及供应量的影响，也受到施工段大小的影响。

根据资源的实际投入量计算，流水节拍的计算公式如下：

$$t_i = \frac{P_i}{R_i \times b} = \frac{Q_i \times H_i}{R_i \times b} = \frac{Q_i}{S_i \times R_i \times b} \tag{1-3}$$

式中：t_i——流水节拍；

　　　Q_i——施工过程在一个施工段上的工程量；

　　　S_i——完成该施工过程的产量定额；

　　　H_i——完成该施工过程的时间定额；

　　　R_i——参与该施工过程的工人数或施工机械台数；

　　　P_i——该施工过程在一个施工段上的劳动量；

　　　b——每天工作班次。

【例 1-4】 某土方工程施工，工程量为 352.94m^3，分三个施工段，采用人工开挖，每段的工程量相等，每班工人数为 15 人，一个工作班次挖土。已知劳动定额为 0.51 工日/m^3，试求该土方施工的流水节拍。

解：

$$Q_i = 352.94 \div 3 = 117.65（m^3）$$

由 $t_i = \dfrac{Q_i \times H_i}{R_i \times b}$，得 $t = \dfrac{117.65 \times 0.51}{15 \times 1} = 4（d）$。

该土方施工的流水节拍为 4d。

确定流水节拍应考虑的因素如下。

1）施工班组人数要适宜，既要满足最小劳动组合的人数要求，又要满足最小工作面的要求。

最小劳动组合是指某一施工过程进行正常施工所必需的最低限度的班组人数及其合理组合。最小工作面是指施工班组为保证安全生产和有效的操作所必需的工作面。

2）工作班制要恰当。施工期情况可采用一、二、三班制。

3）机械的台班效率或机械台班产量的大小。

4）节拍值一般取整数，必要时可保留 0.5d（台班）的小数值。

流水节拍对工期有直接影响，通常在施工段数不变的情况下，流水节拍越小，工期就越短。当施工工期受到限制时，就应从工期要求反求流水节拍，然后用式（1-3）求得所需的工人数或机械数，同时检查最小工作面是否满足要求及工人数或机械数供应的可行性。若检查发现按某一流水节拍计算的工人数或机械数不能满足要求，即供应不足，则可延长工期从而增大流水节拍，以减少人工、机械的需求量，以满足实际的资源限制条件。若工期不能延长，则可增加资源供应量或采取一天多班次（最多三次）作业以满足要求。

2. 流水步距

流水步距是指相邻两个施工班组先后进入同一施工段开始施工的时间间隔，用符号 $K_{i,i+1}$ 表示（i 表示前一个施工过程，$i+1$ 表示后一个施工过程）。例如，A、B、C、D 四个施工过程，流水步距分别为 $K_{A,B}$、$K_{B,C}$、$K_{C,D}$。

在施工段不变的情况下，流水步距越大，工期越长；流水步距越小，工期越短。

流水步距 $K_{i,i+1}$ 的计算公式如下：

1）当 $t_i \leqslant t_{i+1}$ 时，

$$K_{i,i+1}=t_i+(t_j-t_d) \tag{1-4}$$

2）当 $t_i > t_{i+1}$ 时，

$$K_{i,i+1}=Mt_i-(M-1)t_{i+1}+(t_j-t_d) \tag{1-5}$$

式中：t_i——第 i 个施工过程的流水节拍；

　　　t_{i+1}——第 $i+1$ 个施工过程的流水节拍；

　　　t_j——第 i 个施工过程与第 $i+1$ 个施工过程之间的间歇时间；

　　　t_d——第 $i+1$ 个施工过程与第 i 个施工过程之间的搭接时间。

流水步距应根据施工工艺、流水形式和施工条件来确定，在确定流水步距时应尽量满足以下要求。

1）始终保持两个施工过程间的顺序施工，即在一个施工段上，前一施工过程完成后，下一施工过程方能开始。

2）任何作业班组在各施工段上必须保持连续施工。

3）前后两个施工过程的施工作业应能最大限度地组织平行施工。

4）满足技术间歇、组织间歇的要求。

① 技术间歇（t_g）。在流水施工中，除了考虑两相邻施工过程之间的正常流水步距外，有时应根据施工工艺的要求考虑工艺间合理的技术间歇时间。例如，混凝土浇筑完成后应进行养护一段时间后才能进行下一道工艺，这段养护时间即为技术间歇，它的存在会使工期延长。

② 组织间歇（t_z）。组织间歇时间是指施工中由于考虑施工组织的要求，两相邻的施工过程在规定的流水步距以外增加必要的时间间隔，以便施工人员对前一施工过程进行检查验收，并为后续施工过程做必要的技术准备工作等。例如，基础混凝土浇筑并养护后，施工人员必须进行主体结构轴线位置的弹线等。

5）组织搭接时间的要求。

组织搭接时间（t_d）是指施工中考虑组织措施等原因，在可能的情况下，后续施工过程在规定的流水步距以内提前进入该施工段进行施工，这样工期可进一步缩短，施工更趋合理。

3. 流水工期

流水工期是指完成一项工程任务或一个流水组织施工所需的时间，用符号 T 表示。流水工期 T 的计算公式如下：

$$T=\sum K_{i,i+1} + T_n \tag{1-6}$$

式中：$\sum K_{i,i+1}$——流水施工中各流水步距之和；

T_n——流水施工中最后一个施工过程的持续时间。

【例 1-5】某基础工程施工，分挖土、垫层、砖基础、回填土四个施工过程，划分四个施工段，流水节拍分别为 2 天，垫层 1 天，砖基础 3 天，回填土 1 天，垫层施工完成后需有 1 天的技术间歇时间。计算流水步距及流水工期。

解：（1）计算流水步距

$M=4$，$t_挖=2$ 天，$t_垫=1$ 天，$t_基=3$ 天，$t_回=1$ 天，$t_{j垫}=1$ 天

因为，$t_挖 > t_垫$

所以，$K_{挖,垫}=Mt_i-(M-1)t_{i+1}+(t_j-t_d)=4×2-(4-1)×1+0=5$ 天

因为，$t_垫 < t_基$

所以，$K_{垫,基}=t_i+(t_j-t_d)=1+1=2$ 天

因为，$t_基>t_回$

所以，$K_{基,回}=Mt_i-(M-1)t_{i+1}+(t_j-t_d)=4×3-(4-1)×1+0=9$ 天

（2）计算流水工期

因为，$T_n=Mt_回=4×1=4$ 天

所以，$T=\sum K_{i,i+1} + T_n=5+2+9+4=20$ 天

思考 某梁板混凝土施工的劳动量为 1056 工日，分三个施工过程，分两段施工，施工班组的人数为 20 人，三班制施工，求其流水节拍。

思考 某工程划分为 A、B、C、D 四个施工过程，分四个施工段组织流水施工，各施工过程的流水节拍分别为 $t_A=3d$、$t_B=4d$、$t_C=5d$、$t_D=3d$；施工过程 B 完成后需有 2d 的技术和组织间歇时间。试求各施工过程之间的流水步距及该工程的工期。

1.4　流水施工的基本组织方式

案例引入

某工程包括 I、II、III、IV、V 五个施工过程，划分为四个施工段组织流水施工，分别由五个专业工作队负责施工，每个施工过程在各个施工段上的工程量、定额与专业工作队人数见表 1-3。按规定，施工过程 II 完成后，至少要养护 2d 才能进行下一个过程施工，施工过程 IV 完成后，其相应施工段要留 1d 的时间做准备工作。为了早日完工，允许施工过程 I、II 之间搭接施工 1d。试编制流水施工组织方案，并绘制流水施工进度计划表。

表 1-3   某工程有关资料

施工过程	劳动定额	各施工段的工程量					工作队人数/人
		单位	第一段	第二段	第三段	第四段	
I	8m³/工日	m³	238	160	164	315	10
II	1.5m³/工日	m³	23	68	118	66	15
III	0.4t/工日	t	6.5	3.3	9.5	16.1	8
IV	1.3m³/工日	m³	51	27	40	38	10
V	5m³/工日	m³	148	203	97	53	10

为了适应不同施工项目施工组织的特点和进度计划安排的要求，根据流水施工的特点可以将流水施工分成不同的种类进行分析和研究。

1.4.1   流水施工的分类

1. 按流水施工的组织范围划分

（1）分项工程流水施工

分项工程流水施工又称为内部流水施工，是指组织分项工程或专业工种内部的流水施工。其由一个专业施工队，依次在各个施工段上进行流水作业，如浇筑混凝土这一分项工程内部组织的流水施工。分项工程流水施工是范围最小的流水施工。

（2）分部工程流水施工

分部工程流水施工又称为专业流水施工，是指组织分部工程中各分项工程之间的流水施工。其由几个专业施工队各自连续地完成各个施工段的施工任务，施工队之间流水作业。

（3）单位工程流水施工

单位工程流水施工又称为综合流水施工，是指组织单位工程中各分部工程之间的流水施工。

（4）群体工程流水施工

群体工程流水施工又称为大流水施工，是指组织群体工程中各单项工程或单位工程之间的流水施工。

2. 按照施工工程的分解程度划分

（1）彻底分解流水施工

彻底分解流水施工是指将工程对象分解为若干施工过程，每一施工过程对应的专业施工队均由单一工种的工人及机具设备组成。采用这种组织方式，其特点在于各专业施工队任务明确，专业性强，便于熟练施工，保证工程质量。但由于分工较细，对每个专业施工队的协调配合要求较高，给施工管理增加了一定的难度。

（2）局部分解流水施工

局部分解流水施工是指划分施工过程时，考虑专业工种的合理搭配或专业施工队的构成，将其中部分的施工过程不彻底分解，而是交给由多工种协调组成的专业施工队来完成施工。局部分解流水施工适用于工作量较小的分部工程。

3．按照流水施工的节奏特征划分

根据流水施工的节奏特征，流水施工可划分为有节奏流水施工和无节奏流水施工，有节奏流水指同一施工过程在各施工段上的流水节拍都相等的一种流水施工方式。有节奏流水施工又可分为等节奏流水施工和异节奏流水施工，其分类关系及组织流水方式如图 1-9 所示。

图 1-9　按节奏特征分类

1.4.2　等节奏流水施工组织

等节奏流水施工也叫全等节拍流水或固定节拍流水，是指同一施工过程在各施工段上的流水节拍都相等，并且不同施工过程之间的流水节拍也相等的一种流水施工方式。

等节奏流水施工根据流水步距的不同有下列两种情况。

1．等节拍等步距流水施工

等节拍等步距流水施工是指各流水步距值均相等，且等于流水节拍值的一种流水施工方式。各施工过程之间没有技术与组织间歇时间（t_j=0），也不安排相邻施工过程在同一施工段上的搭接施工（t_d=0）。有关参数计算如下。

（1）流水步距的计算

等节拍等步距流水施工情况下的流水步距都相等且等于流水节拍，即 $K=t$。

（2）流水工期的计算

因为 $\sum K_{i,i+1} = (N-1)t$，$T_n = Mt$，所以

$$T = \sum K_{i,i+1} + T_n = (N-1)t + Mt = (M+N-1)t \qquad (1-7)$$

式中：T——流水施工的工期；

M——施工段数；

N——参加流水施工的施工过程数或作业班组总数；

t——流水节拍；

K——流水步距；

T_n——最后一个施工过程的施工持续时间。

【例 1-6】 某分部工程划分为 A、B、C、D 四个施工过程，每个施工过程分为五个施工段，流水节拍均为 3d，试组织等节奏流水施工。

解： 1）计算工期。

$$T=(N-1)t+Mt=(M+N-1)t=(5+4-1)×3=24（d）$$

2）绘制施工进度横道图，如图1-10所示。

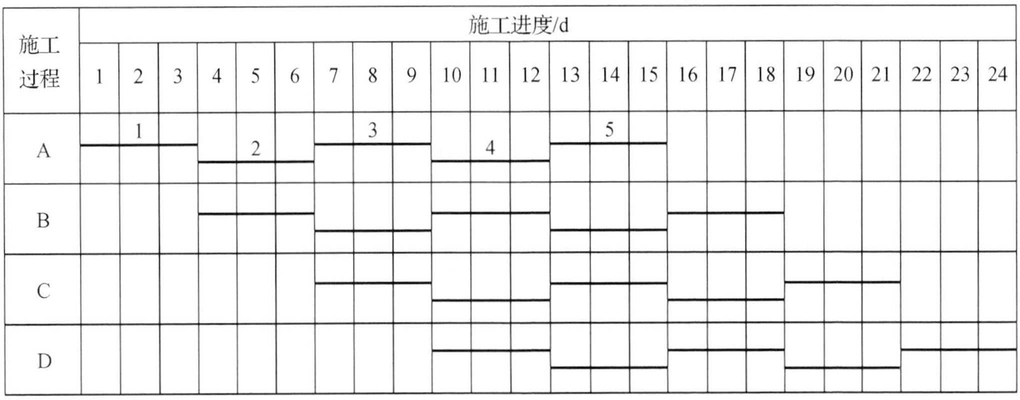

图1-10　施工进度横道图（1）

2. 等节拍不等步距流水施工

等节拍不等步距流水施工是指各施工过程的流水节拍全部相等，但各流水步距不相等的一种流水施工方式（有的步距等于节拍，有的步距不等于节拍）。这是由于各施工过程之间，有的需要有技术与组织间歇时间，有的可以安排搭接施工所致。有关参数计算如下。

（1）流水步距的计算

这种情况下的流水步距

$$K_{i,i+1} = t_i + \left(\sum t_j - \sum t_d\right) \tag{1-8}$$

（2）流水工期的计算

因为 $\sum K_{i,i+1} = (N-1)t + \sum t_j - \sum t_d\ \ T_n = Mt$，所以

$$T = (N-1)t + \sum t_j - \sum t_d + Mt$$
$$= (M+N-1)t + \sum t_j - \sum t_d \tag{1-9}$$

式中：T——流水施工的工期；

M——施工段数；

N——参加流水施工的施工过程数或作业班组总数；

t——流水节拍；

K——流水步距；

T_n——最后一个施工过程的施工持续时间；

$\sum t_j$、$\sum t_d$——间歇时间之和、搭接时间之和。

【例1-7】　某分部工程划分为 A、B、C、D 四个施工过程，每个施工过程分为四个施工段，各施工过程的流水节拍均为3d。其中，施工过程 A 与 B 之间有2d的间歇时间，施工过程 D 与 C 搭接1d。该工程为等节拍不等步距流水施工，试组织等节奏流水施工。

解：1）计算工期。

$$T = (M+N-1)t + \sum t_j - \sum t_d = (4+4-1)\times 3 + 2 - 1 = 22 \text{（d）}$$

2）绘制施工进度横道图，如图 1-11 所示。

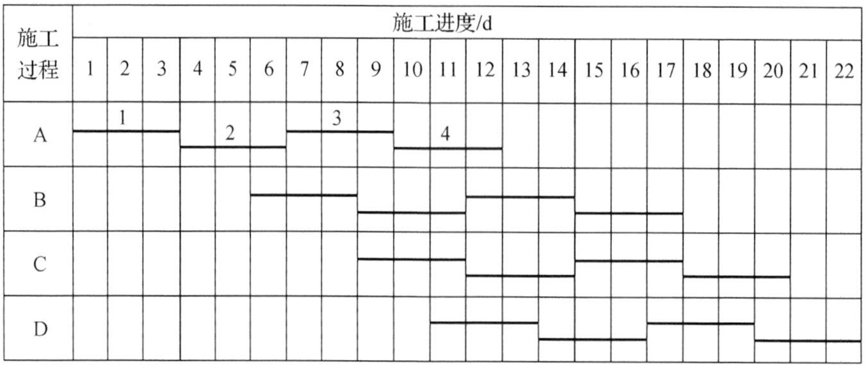

施工过程	施工进度/d																					
	1	2	3	4	5	6	7	8	9	10	11	12	13	14	15	16	17	18	19	20	21	22
A		1			2			3			4											
B																						
C																						
D																						

图 1-11 施工进度横道图（2）

从以上案例可以看出，等节奏流水施工组织适用于工程规模较小、建筑结构较简单、施工过程不多的房屋或某些构筑物。

等节奏流水施工的组织方法的步骤如下。

1）划分施工过程，应将劳动量小的施工过程合并到相邻施工过程中，以使各流水节拍相等。

2）确定主要施工过程的施工班组人数，计算其流水节拍。

3）根据已定的流水节拍，确定其他施工过程的施工班组人数及其组成。

【例 1-8】 某五层三单元砖混结构住宅的基础工程，每一单元的工程量分别为挖土 187m³、垫层 11m³、绑扎钢筋 2.53t、浇筑混凝土 50m³、砌基础墙 90m³、回填土 130m³。以上施工过程的工程量及每工产量见表 1-4。在浇筑混凝土后，应养护 3d 才能进行基础墙砌筑。现按单元划分为三个施工段，一班制施工，试组织等节奏流水施工。

表 1-4 各施工过程的工程量及每工产量

施工过程		工程量		每工产量	劳动量/工日	班组人数/人	流水节拍
		数量	单位				
挖土及垫层	挖土	187	m³	3.5			
	垫层	11		1.2			
钢筋混凝土基础	绑扎钢筋	2.53	t	0.45			
	浇筑混凝土	50	m³	1.5			
砌基础墙		90	m³	1.25			
回填土		130	m³	4			

解： 因为 t_j=3d，故组织等节拍不等步距流水施工。

1）划分施工过程。通过计算劳动量，将劳动量小的施工过程合并到相邻施工过程中，因此施工过程划分为挖土及垫层、钢筋混凝土基础、砌基础墙、回填土。

2）确定主要施工过程的施工班组人数，并计算其流水节拍。主要施工过程为挖土及垫层，配备施工班组人数为 21 人，得

$$t=(187÷3.5+11÷1.2)÷21=3（d）$$

3）确定其他施工过程的施工班组人数，见表 1-5。用横道图绘制流水施工进度计划，如图 1-12 所示。

表 1-5　各施工过程的施工班组人数

施工过程		工程量		每工产量	劳动量/工日	班组人数/人	流水节拍
		数量	单位				
挖土及垫层	挖土	187	m³	3.5	53	21	3
	垫层	11		1.2	9		
钢筋混凝土基础	绑扎钢筋	2.53	t	0.45	6	2	3
	浇筑混凝土	50	m³	1.5	33	11	
砌基础墙		90	m³	1.25	72	24	3
回填土		130	m³	4	33	11	3

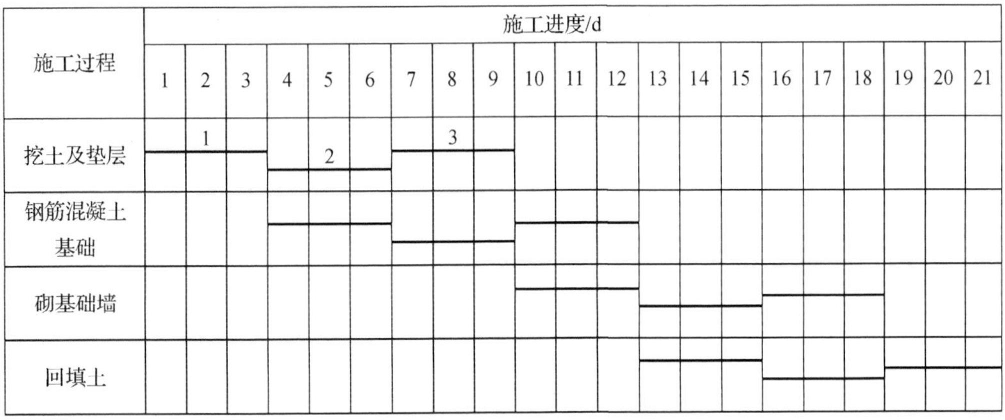

图 1-12　施工进度横道图（3）

思考　某输配电工程有甲、乙、丙、丁四个施工过程，分为两个施工段；各个施工过程的流水节拍均为 3d，乙过程完成后，停 2d 才能进行丙过程，请组织流水施工。

1.4.3　异节奏流水施工

异节奏流水施工是指在有节奏流水施工中，各施工段的流水节拍各自相等而不同施工过程之间的流水节拍不尽相等的流水施工。在组织流水施工时常常遇到这样的问题：如果某施工过程要求尽快完成，或某施工过程的工程量过少，这种情况下，这一施工过程的流水节拍就小；如果某施工过程由于工作面受限制，不能投入较多的人力或机械，这一施工过程的流水节拍就大。这就出现了各施工过程的流水节拍不能相等的情况，这时可组织异节奏流水施工。异节奏流水施工分为不等节拍流水施工（异节拍流水施工）和成倍节拍流水施工。

1. 不等节拍流水施工（异节拍流水施工）

不等节拍流水施工是指同一施工过程在各个施工段的流水节拍相等，不同施工过程之间的流水节拍不一定相等的流水施工方式。

1）不等节拍流水施工的特征：同一施工过程的流水节拍相等，不同施工过程的流水节拍不一定相等；各个施工过程之间的流水步距不一定相等。

2）不等节拍流水步距的确定如下。

当 $t_i \leqslant t_{i+1}$ 时，

$$K_{i,i+1} = t_i + \sum t_j - \sum t_d \tag{1-10}$$

当 $t_i > t_{i+1}$ 时，

$$K_{i,i+1} = Mt_i - (M-1)t_{i+1} + \sum t_j - \sum t_d \tag{1-11}$$

3）不等节拍流水施工工期的计算如下。

$$T_L = \sum K_{i,i+1} + T_n = \sum K_{i,i+1} + Mt \tag{1-12}$$

【例 1-9】 某工程划分为 A、B、C、D 四个施工过程，分为四个施工段，各施工过程的流水节拍分别为 t_A=3d、t_B=2d、t_C=5d、t_D=2d，B 施工过程完成后需要有 1d 的技术间歇时间。试求各施工过程之间的流水步距及该工程的工期。

解： 1）计算流水步距：$K_{A,B}$、$K_{B,C}$、$K_{C,D}$。

① 因为 $t_A > t_B$，$t_j = 0$，$t_d = 0$，所以

$$K_{A,B} = Mt_A - (M-1)t_B + t_j - t_d$$
$$= 4 \times 3 - (4-1) \times 2 + 0 - 0 = 6 （d）$$

② 因为 $t_B < t_C$，$t_j = 1d$，$t_d = 0$，所以

$$K_{B,C} = t_B + t_j - t_d = 2 + 1 - 0 = 3 （d）$$

③ 因为 $t_C > t_D$，$t_j = 0$，$t_d = 0$，所以

$$K_{C,D} = Mt_C - (M-1)t_D + t_j - t_d$$
$$= 4 \times 5 - (4-1) \times 2 + 0 - 0 = 14 （d）$$

2）计算流水施工工期。

$$T_L = \sum K_{i,i+1} + Mt$$
$$= (6 + 3 + 14) + 4 \times 2 = 31 （d）$$

3）绘制施工进度横道图，如图 1-13 所示。

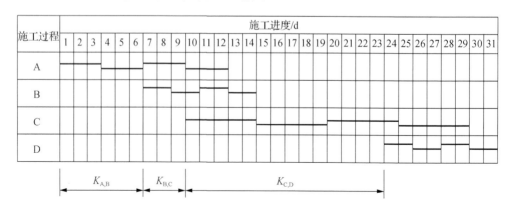

图 1-13 不等节拍流水施工横道图

2. 成倍节拍流水施工

成倍节拍流水施工是指同一施工过程在各施工段上的流水节拍都相等，不同施工过程之间的流水节拍不完全相等，但各施工过程的流水节拍均为最小流水节拍的整数倍的流水施工方式。

当各施工过程在同一施工段上的流水节拍彼此不等而存在最大公约数时，为加快流水施工速度，可按最大公约数的倍数确定每个施工过程的专业工作队，这样便构成了一个工期最短的成倍节拍流水施工方案。

（1）成倍节拍流水施工的特点

1）同一施工过程在各施工段上的流水节拍彼此相等，不同的施工过程在同一施工段上的流水节拍彼此不同，但互为倍数关系。

2）流水步距彼此相等，且等于流水节拍的最大公约数。

3）各专业工作队都能够保证连续施工，施工段没有空闲。

4）专业工作队数大于施工过程数，即 $n'>N$。

（2）流水步距的确定

$$K_{i,i+1} = K_b = t_{min} \tag{1-13}$$

式中：K_b——成倍节拍流水步距，取流水节拍的最大公约数，即所有流水节拍最小值。

（3）每个施工过程的施工队组确定

$$b_i = \frac{t_i}{K_b}, \quad n' = \sum b_i \tag{1-14}$$

式中：b_i——某施工过程所需施工队组数；

n'——专业施工队组总数。

（4）施工段的划分

不分施工层时，可按划分施工段的原则确定施工段数，一般取 $M=n'$。

（5）流水施工工期

$$T = (M + n' - 1)K_b + \sum (t_j - t_d) \tag{1-15}$$

（6）成倍节拍流水施工的组织方式

1）根据工程对象和施工要求，划分若干个施工过程。

2）根据各施工过程的内容、要求及其工程量，计算每个施工过程在每个施工段所需的劳动量。

3）根据施工班组人数及组成，确定劳动量最小的施工过程的流水节拍。

4）确定其他劳动量较大的施工过程的流水节拍，使它们的节拍值分别等于最小节拍值的整数倍。

【例 1-10】　某工程有 A、B、C、D 四个施工过程，$M=6$，流水节拍分别为 $t_A=2d$、$t_B=6d$、$t_C=4d$、$t_D=2d$，试组织成倍节拍流水施工。

解：1）确定每个施工过程的施工队组数量。

由 $b_i = \frac{t_i}{K_b}$，$n' = \sum b_i$，$t_{min} = 2d$，得

$$b_A = \frac{t_A}{t_{min}} = \frac{2}{2} = 1 \ （个）$$

$$b_B = \frac{t_B}{t_{min}} = \frac{6}{2} = 3 \ （个）$$

$$b_C = \frac{t_C}{t_{min}} = \frac{4}{2} = 2 \ （个）$$

$$b_D = \frac{t_D}{t_{min}} = \frac{2}{2} = 1 \ （个）$$

施工班组总数：

$$n' = \sum b_i = 1+3+2+1 = 7 \ （个）$$

2）流水步距：

$$K_{i,i+1} = t_{min} = 2 \ （d）$$

3）流水施工工期：

$$T_L = (M+n'-1)t_{min} = (6+7-1) \times 2 = 24 \ （d）$$

根据计算的流水参数绘制施工进度横道图，如图 1-14 所示。

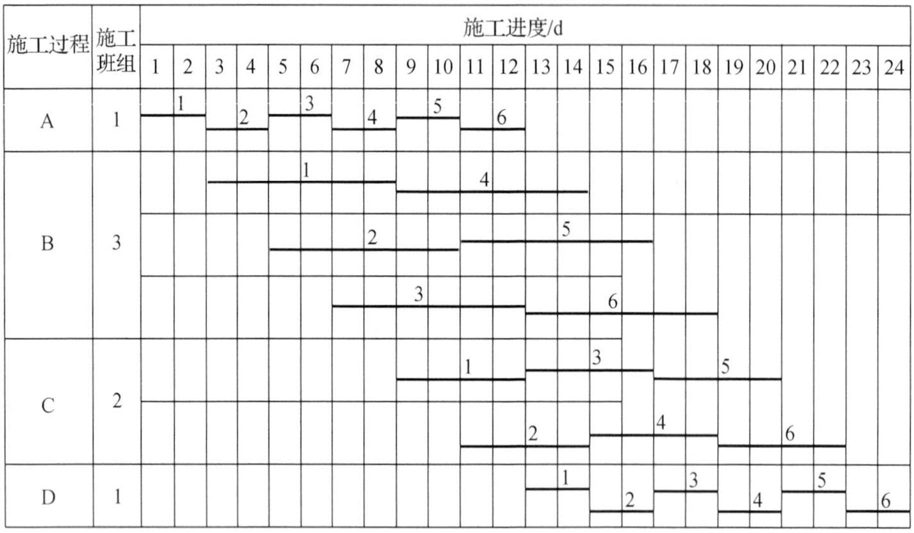

图 1-14 成倍节拍流水施工横道图

从例 1-10 中可以看出，成倍节拍流水施工组织比较适用于线性工程（如道路、管道等）的施工。

    思考　某分部工程有 A、B、C、D 四个施工过程，$M=6$，流水节拍分别为 $t_A=2d$、$t_B=6d$、$t_C=4d$、$t_D=2d$，试组织成倍节拍流水施工。

1.4.4　无节奏流水施工

无节奏流水施工又称为分别流水施工，指同一施工过程在各施工段上的流水节拍不完全相等的一种流水施工方式。这种组织施工的方式，在进度安排上比较自由、灵活，是实际工程组织施工最普遍、最常用的一种方法。

1. 无节奏流水施工的特点

1）同一施工过程在各施工段上的流水节拍有一个以上不相等。
2）各施工过程在同一施工段上的流水节拍也不尽相等。
3）为保证各专业队（组）连续施工，施工段上可以有空闲。
4）施工队组数 n' 等于施工过程数 N。

2. 流水步距的计算

组织无节奏流水施工时，为保证各施工专业队（组）连续施工，关键在于确定适当的流水步距，常用的方法是"累加数列、错位相减、取大差值"。就是将每一施工过程在各施工段上的流水节拍累加成一个数列，两个相邻施工过程的累加数列错一位相减，在几个差值中取一个最大的，即是这两个相邻施工过程的流水步距，这种方法称为最大差法。该方法简称"累加斜减取大差法"，具体操作如下。

1）将每个施工过程的流水节拍逐段累加，$K_{I,i}$（I 施工过程第 i 个施工段的累加数）。
2）错位相减。
3）取差数大者作为流水步距。

由于这种方法是由潘特考夫斯基首先提出的，故又称为潘特考夫斯基法。这种方法简捷、准确，便于掌握。

3. 流水工期的计算

无节奏流水施工的工期计算公式如下：

$$T = \sum K_{i,i+1} + T_n + \sum (t_j - t_d) \tag{1-16}$$

式中：$\sum K_{i,i+1}$ ——流水步距之和；

T_n ——最后一个过程的流水节拍之和。

其他符号含义同前。

【例 1-11】 某分部工程的流水节拍值见表 1-6，试计算流水步距和工期。

表 1-6 某分部工程的流水节拍值

施工过程	施工段			
	1	2	3	4
A	3	2	1	4
B	2	3	2	3
C	1	3	2	3
D	2	4	3	1

解：（1）计算相邻施工过程的流水步距

1）每个施工过程的流水节拍累加数列如下：

$$a_{A,i}: \quad 3 \quad 5 \quad 6 \quad 10$$
$$a_{B,i}: \quad 2 \quad 5 \quad 7 \quad 10$$
$$a_{C,i}: \quad 1 \quad 4 \quad 6 \quad 9$$
$$a_{D,i}: \quad 2 \quad 6 \quad 9 \quad 10$$

2）两个相邻累加数列的差数列如下：

A 与 B：

```
            3   5   6   10
    -)  0   2   5   7   10
    ─────────────────────────
        3   3   1   3
```

B 与 C：

```
            2   5   7   10
    -)  0   1   4   6   9
    ─────────────────────────
        2   4   3   4
```

C 与 D：

```
            1   4   6   9
    -)  0   2   6   9   10
    ─────────────────────────
        1   2   0   0
```

3）确定流水步距如下：

$$K_{A,B} = \max(3, 3, 1, 3) = 3 \text{（d）}$$
$$K_{B,C} = \max(2, 4, 3, 4) = 4 \text{（d）}$$
$$K_{C,D} = \max(1, 2, 0, 0) = 2 \text{（d）}$$

（2）流水工期计算

$$T = \sum K_{i,i+1} + T_n = 3 + 4 + 2 + 2 + 4 + 3 + 1 = 19 \text{（d）}$$

绘制施工进度横道图，如图 1-15 所示。

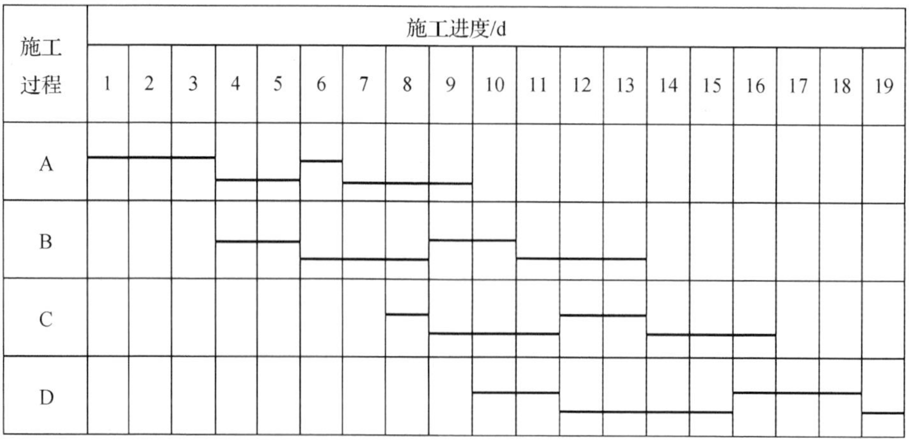

施工过程	施工进度/d																		
	1	2	3	4	5	6	7	8	9	10	11	12	13	14	15	16	17	18	19
A																			
B																			
C																			
D																			

图 1-15 无节奏流水施工横道图

思考　某分部工程划分为 A、B、C、D 四个施工过程，分四个施工段组织流水施工，每个施工过程在各施工段上的流水节拍值见表 1-7。试计算流水步距和工期，并绘制横道图。

表 1-7　各施工段上的流水节拍值

施工过程	施工段			
	1	2	3	4
A	2	4	3	1
B	3	2	4	3
C	3	4	2	1
D	1	4	5	3

思　考　题

1. 什么是基本建设程序？它有哪些主要阶段？为什么要坚持基本建设程序？
2. 建筑产品及其生产具有哪些特点？
3. 工程建设项目是如何分类的？
4. 施工组织设计有几种类型？其基本内容有哪些？
5. 施工组织设计的作用是什么？
6. 试述组织施工的基本原则。
7. 组织施工有哪三种方式？各自有什么特点？
8. 组织流水施工有哪些要点？
9. 组织流水施工有哪些主要参数？各自的含义及确定方法是什么？
10. 流水施工按节奏划分可分为几类？它的适用范围如何？

练　习　题

一、填空题

1. 建筑施工程序分为_____、_____、_____、_____、_____五个阶段。
2. 施工组织设计根据阶段的不同分为_____、_____。
3. 建筑产品的_____决定了建筑施工的流动性。
4. 流水施工的表达方式有_____、_____、_____。
5. 组织施工的基本方式有_____、_____、_____三种。

二、单选题

1. 下列叙述中，不属于顺序施工特点的是（　　　）。
A. 工作面不能充分利用　　　　　B. 专业班组不能连续作业
C. 施工工期长　　　　　　　　　D. 投入的劳动力和物资较多

2．建设工程施工通常按流水施工方式组织，是因其具有（　　　）的特点。

A．单位时间内所需用的资源量较少

B．使各专业工作队能够连续施工

C．施工现场的组织、管理工作简单

D．同一施工过程的不同施工段可以同时施工

3．划分施工段的目的是（　　　）。

A．便于组织施工专业班组　　　　　　　　B．便于计算工程量

C．使施工对象形成批量，便于组织流水　　D．便于明确责任，保证工程质量

4．流水施工参数不包括（　　　）。

A．工艺参数　　　　B．空间参数　　　　C．工期参数　　　　D．时间参数

5．下列选项中，属于流水施工中的空间参数的是（　　　）。

A．施工过程数　　　B．流水强度　　　　C．流水步距　　　　D．施工段

6．试组织某分部工程的流水施工，已知 $t_1=t_2=t_3=2d$，共计 3 层，其施工段及工期分别为（　　　）。

A．三段，10d　　　B．三段，5d　　　　C．两段，8d　　　　D．三段，22d

7．有一条 200m 长的沟槽，土方 $1760m^3$，按流水施工分为四段，人工挖土作业队合理组成员为 20 人，为加快施工进度采用两班倒施工，已知劳动定额为 0.5 工日/m^3，则挖土施工的流水节拍为（　　　）d。

A．22　　　　　　　B．44　　　　　　　C．5.5　　　　　　　D．11

8．有一 10km 长的公路，划分为等距离的 10 段，按工序共有四个施工过程，各过程在一段上的施工时间分别为 20d、40d、40d、20d；按异节奏组织流水施工，则计算总工期为（　　　）d。

A．120　　　　　　B．300　　　　　　C．320　　　　　　D．1200

9．下列选项中是组织间歇的是（　　　）。

A．混凝土的养护　　　　　　　　　　　B．油漆层的干燥时间

C．作业前的准备工作　　　　　　　　　D．抹灰层的干燥时间

10．下列特点描述中，不属于成倍节拍流水施工的是（　　　）。

A．各施工过程的流水节拍存在整数倍或公约数关系

B．施工班组数大于施工过程数

C．不同的施工过程之间的流水步距均相等

D．个别施工班组不能连续作业

三、多选题

1．某城市立交桥工程在组织流水施工时，需要纳入施工进度计划中的施工过程包括（　　　）。

A．桩基础灌制　　　　　　　　　　　B．梁的现场预制

C．商品混凝土的运输　　　　　　　　D．钢筋混凝土构件的吊装

E．混凝土构件的采购和运输

2. 建设工程组织依次施工时，其特点包括（　　　）。

A. 如果按专业成立施工班组，则各施工班组不能连续作业

B. 施工现场的组织管理工作比较复杂

C. 单位时间内投入的资源较少，有利于组织资源供应

D. 相邻两个施工班组能够最大限度地搭接作业

E. 各施工班组能连续、均衡地工作

3. 组织流水施工的时间参数有（　　　）。

A. 流水节拍　　　　B. 流水步距　　　　C. 施工段数

D. 工期　　　　　　E. 施工过程数

4. 固定节拍流水施工的特点有（　　　）。

A. 所有施工过程在各个施工段上的流水节拍均相等

B. 相邻施工过程的流水步距相等，且等于流水节拍的最大公约数

C. 相邻施工过程的流水步距相等，且等于流水节拍

D. 专业工作队数等于施工过程数

E. 专业工作队数大于施工过程数

5. 不等节拍流水施工的特点有（　　　）。

A. 同一施工过程的流水节拍完全相等，不同施工过程的流水节拍不一定相等

B. 各施工过程之间的流水步距一定相等

C. 各施工过程之间的流水步距不完全相等

D. 同一施工过程的流水节拍完全相等，不同施工过程的流水节拍也相等

E. 各施工过程之间的流水节拍存在一个最大公约数

6. 下列关于无节奏流水施工的说法正确的是（　　　）。

A. 每个施工过程本身的各施工段上的持续时间完全相等

B. 每个施工过程本身在各施工段上的流水节拍不完全相等

C. 每个施工过程本身在各施工段上的流水节拍完全相等

D. 每个施工过程本身在各施工段上的持续时间不完全相等

E. 只能按分别流水法进行组织

7. 流水步距的大小取决于相邻两个施工过程（或专业工作队）在各个施工段上的流水节拍。确定流水步距时，一般应满足的基本要求是（　　　）。

A. 各施工过程按各自流水速度施工，保持工艺先后顺序

B. 各施工过程的专业工作队投入施工后可能保持连续作业

C. 各施工段没有空闲

D. 流水步距都相等

E. 相邻两个施工过程最大限度地实现合理搭接

8. 施工段是用以表达流水施工的空间参数。为了合理地划分施工段，应遵循的原则包括（　　　）。

A. 施工段界限与结构界限无关，但应使同一专业工作队在各个施工段的劳动量大致相等

B. 每个施工段内要有足够的工作面，以保证相应数量的工人、主导施工机械的生产效率，满足合理劳动组织的要求

C. 施工段的界限应设在对建筑结构整体性影响较小的部位，以保证建筑结构的整体性

D. 每个施工段要有足够的工作面，以满足同一施工段内组织多个专业工作队同时施工的要求

E. 施工段的数目要满足合理组织流水施工的要求，并在每个施工段内有足够的工作面

9. 在组织建设工程流水施工时，成倍节拍流水施工的特点包括（　　）。

A. 同一施工过程中各施工段的流水节拍不尽相等

B. 相邻专业工作队之间的流水步距全部相等

C. 各施工过程中所有施工段的流水节拍全部相等

D. 专业工作队数大于施工过程数，从而使流水施工工期缩短

E. 各专业工作队在施工段上能够连续作业

10. 组织流水施工时，应考虑时间间歇的有（　　）。

A. 组织间歇　　　　B. 管理间歇　　　　C. 技术间歇

D. 工作面间歇　　　E. 时间、空间间歇

四、判断题

1. 凡是具有独立的设计文件，竣工后可以独立发挥生产能力或效益的工程，称为单项工程。　　　　　　　　　　　　　　　　　　　　　　　　　（　　）

2. 施工组织按三阶段设计，可分为施工组织设计大纲、施工组织总设计、单位工程施工组织设计。　　　　　　　　　　　　　　　　　　　　　　（　　）

3. 同一施工过程在各个施工段的流水节拍相等，不同施工过程之间的流水节拍及流水步距不一定相等的流水施工方式称为等节拍流水施工。　　　　（　　）

4. 建筑产品的固定性决定了施工生产的流动性。　　　　　　　　　　（　　）

5. 流水参数包括工艺参数、时间参数、空间参数三类。　　　　　　　（　　）

五、能力训练

1. 工程外墙装饰工程有水刷石、陶瓷锦砖（马赛克）、干黏石三种装饰内容，在一个流水段上的工程量分别为40m²、85m²、124m²；采用的劳动定额分别为3.6m²/工日、0.435 m²/工日、4.2m²/工日。

问题：

1）求各装饰分项的劳动量。

2）此墙共有5段，如每天工作一班，每班12人做，则装饰工程的工期为多少天？

2. 某工程墙体工程量为1026m³，采用的产量定额为1.04 m³/工日，一班制施工，要求30d内完成。

问题：

1）求砌墙所需的劳动工日数。

2）求砌墙每天所需的施工人数。

3．某四层砖混结构，基础需 40d，主体墙需 240d，屋面防水层需 10d，现每层均匀分两段，一个结构层为两个施工层，则基础、主体墙及屋面防水层的节拍各为多少？

4．试绘制某二层现浇钢筋混凝土楼盖工程的流水施工进度表。已知：框架平面尺寸为 17.4m×144m，沿长度方向每隔 48m 留一道伸缩缝；且知 $t_模$=4d、$t_筋$=2d，混凝土浇好后在其上立模需要 2d 养护（层间间歇）。

5．有一栋四层砖混结构的主体工程分砌砖、浇圈梁、搁板三个施工过程，它们的节拍均为 6d，圈梁需 3d 养护。如果分三段能否组织有节奏流水施工？组织此施工则需要分几段？工期为多少？画出横道图。

6．根据表 1-8 所给的数据组织无节奏流水施工（两种方法），绘制横道图，并做必要的计算。

表 1-8　某工程各施工段上的流水节拍值

施工过程	施工段			
	Ⅰ	Ⅱ	Ⅲ	Ⅳ
A	3	2	4	2
B	5	3	5	1
C	2	2	3	4
D	4	2	2	3

7．某工程由 A、B、C、D 四个施工过程组成，划分两个施工层组织流水施工。施工过程 B 完成后需养护 1d 过程 C 才能施工，且层间技术间歇和流水节拍均为 1d。为了保证工作队连续作业，试确定施工段数，计算工期并绘制流水施工进度。

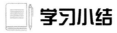 **学习小结**

单元 2

网络技术原理

1）了解网络计划的基本原理及分类，熟悉双代号网络图的构成，以及工作之间常见的逻辑关系。

2）掌握双代号网络图的绘制。

3）掌握双代号网络计划时间参数的计算。

4）了解单代号网络计划的基本要素、绘制及时间参数计算。

教学要求 ☞

教学要点	技能要点	权重
网络图的基本概念	了解网络图的基本原理，以及双代号网络图的基本要素	10%
双代号网络图的绘制	掌握双代号网络图的绘制原则、方法	30%
双代号网络计划时间参数的计算	掌握双代号网络图的工作计算法和节点计算法	30%
单代号网络计划	了解单代号网络图的基本要素、绘制及参数计算	30%

思政导入 ☞

　　港珠澳大桥被誉为现代世界七大奇迹之一，从设计到建成，前后历时 15 年，抗风能力 16 级、抗震能力 8 级、使用寿命 120 年，是桥岛隧交通集群工程。面对外海沉管隧道建设核心技术的国外技术壁垒，工程团队经过无数个日日夜夜的研究、探索、实践，终于摸索出一条自主的沉管隧道安装技术，使得整个工程项目顺利完成。科研人员利用三年时间在足尺沉管隧道进行燃烧实验，形成了港珠澳大桥沉管隧道防灾减灾的成套关键技术与标准，对全球工程科技界做出了重大贡献。十五年间，建设者们在设计理念、建造技术、施工组织、管理模式等方面进行了一系列创新，各种新材料、新工艺、新设备、新技术在大桥建设中层出不穷，不仅填补了我国在多个领域的空白，也让中国跨海桥隧岛工程设计施工管理水平走在了世界前列。通过案例，勉励同学们在工作、学习、生活中要脚踏实地，认真做好每一件小事，结合本单元所学习的"网络技术原理"专业知识，用网络计划控制工程进度时要精益求精，要确保施工安全和工程质量。培养学生具有敬业爱岗、与时俱进、追求卓越的大国工匠精神和自信自强、守正创新精神。

2.1　网络计划概述

案例引入　✍

　　某工程有砌墙、浇筑圈梁、吊装楼板三个施工过程，分三个流水段组织流水施工。双代号网络图如图 2-1 所示。

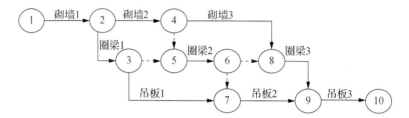

图 2-1　某网络计划双代号网络图

　　某工程分为三个施工段，施工过程及其延续时间为砌围护墙及隔墙 12d，内外抹灰 15d，安铝合金门窗 9d，喷刷涂料 12d。拟组织瓦工、抹灰工、木工和油工四个专业队组进行施工。单代号网络图如图 2-2 所示。

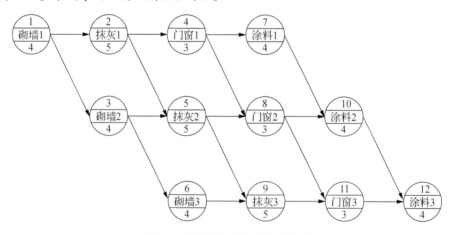

图 2-2　某网络计划单代号网络图

　　网络计划技术是 20 世纪 50 年代后期发展起来的一种科学管理方法。编制网络计划，首先应熟悉网络计划的基本概念、基本原理、分类以及网络图的基本知识等。

2.1.1　网络计划的基本原理

　　工程组织施工中，常用的进度计划表达形式有两种：横道图与网络计划。网络计划是指用网络图表达任务构成、工作顺序，并加注工作时间参数的进度计划。

网络计划能够明确地反映出各项工作之间错综复杂的逻辑关系，通过网络计划时间参数的计算，可以找出关键工作和关键线路，还可以明确各项工作的机动时间。因此网络计划技术不仅是一种科学的管理方法，同时也是一种科学的动态控制方法。

网络计划的基本原理：首先应用网络图的形式来表达一项工程中各项工作之间错综复杂的相互关系及先后顺序。然后通过计算找出计划中的关键工作及关键线路，接着通过不断地改进网络计划，寻求最优方案并付诸实施。最后在计划执行过程中进行有效的监测和控制，以合理使用资源，优质、高效、低耗地完成预定的工作。

建设工程施工项目网络计划安排的流程：通过调查研究，确定施工顺序及施工工作组成；理顺施工工作的先后关系并用网络图表示；计算或计划施工工作所需的持续时间；制订网络计划；利用计算机进行计算，不断优化、控制、调整。

2.1.2 网络计划的分类

1. 按性质分类

根据工作、工作之间的逻辑关系及工作持续时间是否确定的性质，网络计划可分为肯定型网络计划和非肯定型网络计划。

（1）肯定型网络计划

工作、工作之间的逻辑关系，以及工作持续时间都肯定的网络计划称为肯定型网络计划。肯定型网络计划包括关键线路法网络计划和搭接网络计划法。

1）关键线路法网络计划：计划中的所有工作都必须按既定的逻辑关系全部完成，且对每项工作只估定一个肯定的持续时间的网络计划技术称关键线路法网络计划，如图 2-3 所示。

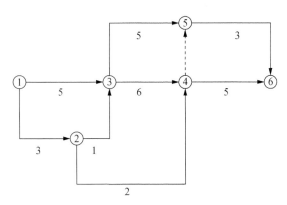

图 2-3 关键线路法网络计划

2）搭接网络计划：网络计划中，前后工作之间可能有多种顺序关系的肯定型网络计划称为搭接网络计划法，如图 2-4 所示。

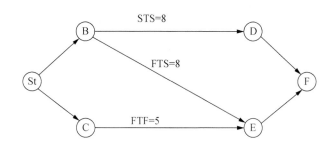

图 2-4　搭接网络计划法

STS——开始到开始（start to start）时间；FTS——结束到开始（finish to start）时间；

FTF——结束到结束（finish to finish）时间

（2）非肯定型网络计划

工作、工作之间的逻辑关系和工作持续时间三者中任一项或多项不肯定的网络计划称为非肯定型网络计划。非肯定型网络计划包括计划评审技术（program evaluation and review technique，PERT）、图示评审技术（graphical evaluation and review technique，GERT）、决策网络计划法和风险评审技术（venture evaluation and review technique，VERT）。

1）计划评审技术：计划中的所有工作都必须按既定的逻辑关系全部完成，但工作的持续时间不肯定，应进行时间参数估算，并对按期完成任务的可能性做出评价的网络计划技术称为计划评审技术。

2）图示评审技术：计划中的工作和工作之间的逻辑关系都具有不肯定性质，且工作持续时间也不肯定，而按随机变量进行分析的网络计划技术称为图示评审技术。

3）决策网络计划法：计划中的某些工作是否进行，要依据前工作执行结果作决策，并估计相应的任务完成时间及其实现概率的网络计划技术称为决策网络计划法。

4）风险评审技术：对工作、工作之间的逻辑关系和工作持续时间都不肯定的计划，可同时就费用、时间、效能三方面做综合分析并对可能发生的风险做概率估计的网络计划技术称为风险评审技术。

2.　按目标分类

按计划目标的多少，网络计划可分为单目标网络计划和多目标网络计划。

1）单目标网络计划：只有一个终点节点的网络计划称为单目标网络计划。

2）多目标网络计划：终点节点不止一个的网络计划称为多目标网络计划。

3.　按层次分类

根据网络计划的工程对象不同和使用范围大小，网络计划可分为分级网络计划、总网络计划和局部网络计划。

（1）分级网络计划

根据不同管理层次的需要而编制的范围大小不同、详略程度不同的网络计划称为分级网络计划。

（2）总网络计划

以整个计划任务为对象编制的网络计划称为总网络计划。

（3）局部网络计划

以计划任务的某一部分为对象编制的网络计划称为局部网络计划。

4.　按表达方式分类

根据计划时间的表达方式不同，网络计划可分为时标网络计划和非时标网络计划。

（1）时标网络计划

以时间坐标为尺度绘制的网络计划称为时标网络计划。

（2）非时标网络计划

不按时间坐标绘制的网络计划称为非时标网络计划。

2.1.3　横道计划与网络计划的特点分析

1.　横道计划的优缺点

（1）优点

1）绘图较简便，表达形象、直观、明了，便于统计资源需要量。

2）流水作业排列整齐有序，表达清楚。

3）结合时间坐标，各项工作的起止时间、作业延续时间、工作进度、总工期都能一目了然。

（2）缺点

1）不能反映出各项工作之间错综复杂、相互联系、相互制约的生产和协作关系。

2）不能明确指出哪些工作是关键的，哪些工作不是关键的。

3）不能应用微型计算机计算各种时间参数，更不能对计划进行科学的调整与优化。

2.　网络计划的优缺点

（1）优点

1）能全面而明确地反映出各项工作之间的相互依赖、相互制约的关系。

2）网络图通过时间参数的计算，能确定各项工作的开始时间和结束时间，并能找出对全局有影响的关键工作和关键线路。

3）能利用计算得出的某项工作的机动时间，更好地利用和调配人力、物力，达到降低成本的目的。

4）可以利用微型计算机对复杂的网络计划进行调整与优化，实现计划管理的科学化。

5）在计划实施过程中能进行有效的控制和调整，保证以最小的消耗取得最大的经济效果。

（2）缺点

1）流水作业不能清楚地在网络计划上反映出来。

2）绘图较麻烦，表达不是很直观。

3）不易看懂，不易显示资源平衡情况等。

2.1.4　网络计划的表示方法

网络计划的表达形式是网络图。

网络图是由箭线、节点和线路三个基本要素组成的有向、有序的网状图。在网络图中，按节点和箭线所代表的含义不同，可分为双代号网络图和单代号网络图，其中双代号网络图在我国建筑行业的应用较多，本书以双代号网络图为主进行介绍。

双代号网络图由若干表示工作的箭线和节点组成，其中每一项工作都用一条箭线和箭线两端的两个节点来表示，箭线两端节点的号码即代表该箭线所表示的工作，"双代号"的名称由此而来（图 2-1 即为双代号网络图）。双代号网络图的基本三要素：箭线、节点和线路。图 2-5 是双代号的表示方法。

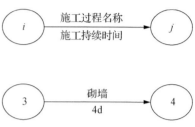

图 2-5　双代号网络图表示方法

1. 箭线

在双代号网络图中，一条箭线与其两端的节点表示一项工作。箭线表达的内容有以下几个方面。

1）一条箭线表示一个施工过程（或一件工作、一项活动）。根据网络计划的性质和作用的不同，工作既可以是一个简单的施工过程，如挖土、垫层、支模板、绑扎钢筋、浇筑混凝土等分项工程或基础工程、主体工程、装饰工程等分部工程，也可以是一项复杂的工程任务，如教学楼土建工程中的单位工程或教学楼工程等单项工程。如何确定一项工作的大小范围取决于所绘制的网络计划的控制性或指导性作用。

2）每个施工过程（每条箭线）的完成都要消耗一定的时间及资源。一般而言，每项工作的完成都要消耗一定的时间和资源，如砌砖墙、绑扎钢筋、浇筑混凝土等；也存在只消耗时间而不消耗资源的工作，如混凝土养护、砂浆找平层、干燥等技术间歇，有时可以作为一项工作考虑。双代号网络图的工作名称或代号写在箭线上方，完成该工作的持续时间写在箭线的下方，如图 2-5 所示。在双代号网络图中，凡是占用一定时间的工作，都应用实箭线表示。

3）为了正确表达施工过程的逻辑关系，有时需要使用一种虚箭线，称为虚工作。

图 2-6　虚工作的表示方法

虚工作是既不消耗时间，也不消耗资源的一个虚设的施工过程，一般不标注名称，持续时间为零。虚工作常用的表示方法如图 2-6 所示。在双代号网络图中，虚箭线起联系、断开、区分三种作用。

4）在无时间坐标的网络图中，箭线的长度不代表时间的长短，画图时原则上讲，箭线的形状怎么画都行，箭线可以画成直线、折线或斜线，但不得中断。箭线尽可能以水平直线为主且必须满足网络图的绘制原则。在有时间坐标的网络图中，其箭线的长度必须根据完成该项工作所需时间的长短进行绘制。

5）箭线的方向表示工作进行的方向，箭尾表示工作的开始，箭头表示工作的结束。

2. 节点

在双代号网络图中，用圆圈表示各箭线之间的连接点，圆圈就是节点。节点表示前面工作结束和后面工作开始的瞬间，所以节点不需要消耗时间和资源。

箭线的箭尾节点表示该工作的开始，箭线的箭头节点表示该工作的结束。

根据节点在网络图中的位置不同，可以分为起点节点、终点节点和中间节点。起点节点是网络图的第一个节点，表示一项任务的开始。终点节点是网络图的最后一个节点，表示一项任务的完成。除起点节点和终点节点以外的节点称为中间节点，中间节点具有双重的含义，既是前面工作的箭头节点，也是后面工作的箭尾节点。单目标双代号网络计划图中起点节点和终点节点都只有一个。

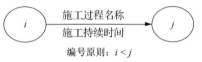

图 2-7　节点编号原则

节点的编号的顺序是从起点节点开始的，依次向终点节点进行。编号原则：每一个箭杆箭尾节点的号码 i 必须小于箭头节点的号码 j（即 $i<j$），如图 2-7 所示，所有节点的编号不能重复出现。

3. 线路

从网络图的起点节点到终点节点，沿着箭杆的指向所构成的若干条"通道"即为线路。如图 2-8 所示的网络计划中的线路有①→②→③→⑤→⑥、①→②→④→⑤→⑥、①→③→⑤→⑥、①→②→④→⑥四条线路。

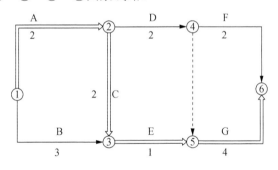

图 2-8　网络计划图

在线路中所需时间之和最大者为"关键线路"。在关键线路法（含双代号网络图）中，线路上总持续时间最长的线路为关键线路，如图 2-8 所示，线路①→②→③→⑤→⑥总持续时间最长，即为关键线路。关键线路是工作控制的重点线路。关键线路通常用粗线、双线箭杆或红线标示，关键线路的总持续时间就是网络计划的工期。在网络计划中，关键线路的条数至少为一条，而且在计划执行过程中，关键线路还会发生转变。

不是关键线路的线路为非关键线路。如图 2-8 所示，线路①→②→④→⑤→⑥、①→③→⑤→⑥、①→②→④→⑥为非关键线路。

关键线路上的工作称为关键工作，是施工中的重点控制对象，关键工作的实际进度拖后一定会对总工期产生影响。不是关键工作就是非关键工作。非关键工作有一定的机动时间。

关键线路上的工作一定没有非关键工作；非关键线路上至少有一个工作是非关键工作，有可能有关键工作，也可能没有关键工作。

如图 2-8 所示，①→②、②→③、③→⑤、⑤→⑥等是关键工作，①→③、②→④、④→⑥等是非关键工作。

4. 工作的先后关系与中间节点的双重性

1）紧前工作：紧前工作是紧排在本工作（被研究的工作）之前的工作。
2）紧后工作：紧后工作是紧排在本工作之后的工作。
3）平行工作：与本工作同时进行的工作称为平行工作。
4）先行工作：自起点节点至本工作之前各条线路上的所有工作称为先行工作。
5）后续工作：本工作之后至终点节点各条线路上的所有工作称为后续工作。
6）起始工作：没有紧前工作的工作称为起始工作。
7）结束工作：没有紧后工作的工作称为结束工作。

如图 2-9 所示，$i—j$ 工作为本工作，$h—i$ 工作为 $i—j$ 工作的紧前工作，$j—k$ 工作为 $i—j$ 工作的紧后工作，$i—j$ 工作之前的所有工作为先行工作，$i—j$ 工作之后的所有工作为后续工作。

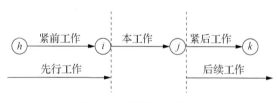

图 2-9　工作的先后关系

2.2　双代号网络图的绘制

案例引入

试根据各施工过程的逻辑关系（表 2-1），绘制双代号网络图。

表 2-1　各施工过程的逻辑关系

施工过程名称	A	B	C	D	E	F	G	H	I	J	K
紧前过程	无	A	A	B	B	E	A	D、C	E	F、G、H	I、J
紧后过程	B、C、G	D、E	H	H	F、I	J	J	J	K	K	无

正确绘制双代号网络图是网络计划方法应用的关键。因此绘图时，必须做到正确表示各种逻辑关系，遵循绘图的基本原则及选择恰当的绘图排列方法。

2.2.1　网络图的逻辑关系

逻辑关系是指网络计划中所表示的各个施工过程在施工中存在的先后顺序关系。在表示工程施工计划的网络图中，根据施工工艺和施工组织的要求，逻辑关系包括工艺逻辑关系和组织逻辑关系。逻辑关系应正确反映各项工作之间的相互依赖、相互制约关系，这也是网络图与横道图的最大不同点。各工作之间的逻辑关系是否表示正确，是网络图能否反映实际情况的关键，也是网络计划实施的重要依据。

1. 工艺逻辑关系

工艺逻辑关系是指由施工工艺和操作规程所决定的各个工作之间客观上存在的先后施工顺序，如现场制作预制桩必须在绑扎好钢筋笼和安装模板后才能浇筑混凝土。

2. 组织逻辑关系

组织逻辑关系是指组织安排中，考虑劳动力、机具、材料或工期等影响，在各工作之间主观上安排的先后顺序关系。它不受施工工艺的限制，可人为安排。

2.2.2　绘制双代号网络图的基本原则

1. 逻辑关系的正确表示

双代号网络图是反映各工作之间先后顺序的网状图，是双代号网络计划的基础。在绘制网络图时，必须正确反映各施工过程之间的逻辑关系。

1）A、B、C 依次完成，如图 2-10 所示。

2）A、B、C 三项工作，同时开始工作，如图 2-11 所示。

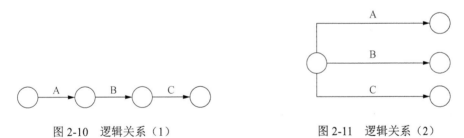

图 2-10　逻辑关系（1）　　　　　　　　　图 2-11　逻辑关系（2）

3）A、B、C 三项工作，同时结束工作，如图 2-12 所示。

4）A、B、C 三项工作，工作 B、C 在工作 A 完成后才开始，如图 2-13 所示。

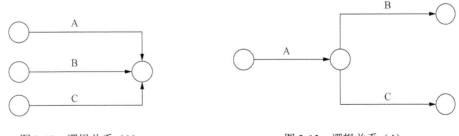

图 2-12　逻辑关系（3）　　　　　　　　　图 2-13　逻辑关系（4）

5）A、B、C 三项工作，工作 C 只能在工作 A、B 完成后才能开始，如图 2-14 所示。

6）A、B、C、D 四项工作，工作 C、D 在工作 A、B 完成后即开始，如图 2-15 所示。

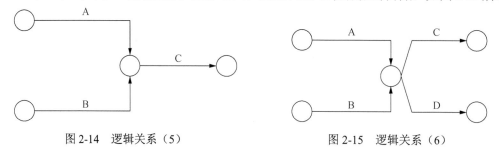

图 2-14　逻辑关系（5）　　　　　　　　图 2-15　逻辑关系（6）

7）A、B、C、D 四项工作，工作 A 完成后，工作 C 才能开始，工作 A、B 完成后，工作 D 才能开始，如图 2-16 所示。

8）A、B、C、D、E 五项工作，若工作 C 随工作 A 后，工作 E 随工作 B 后，而工作 A、B 完成后工作 D 才能开始，即工作 D 受控于工作 A、B，而工作 C 与工作 B 无关，工作 E 与工作 A 无关，如图 2-17 所示。

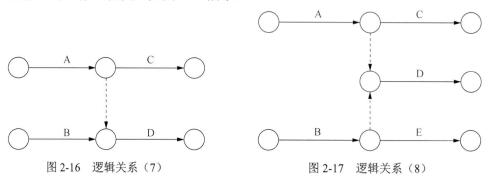

图 2-16　逻辑关系（7）　　　　　　　　图 2-17　逻辑关系（8）

9）A、B、C、D、E 五项工作，工作 A、B、C 完成后，工作 D 才能开始，工作 B、C 完成后，工作 E 才能开始，如图 2-18 所示。

10）用网络图表示流水施工时，在没有关系的施工过程之间，有时会产生有联系的错误。此时必须用虚箭线切断不合理的联系，消除逻辑上的错误。

例如，某工程有砌墙、浇筑圈梁、吊装楼板三个施工过程，分三个流水段组织流水施工。图 2-19 是逻辑关系错误的画法，图 2-20 是逻辑关系正确的画法。

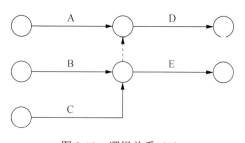

图 2-18　逻辑关系（9）

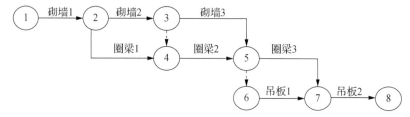

图 2-19　逻辑关系错误的画法

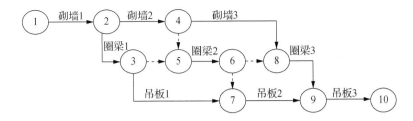

图 2-20　逻辑关系正确的画法

2.　网络图绘制的基本原则

1）网络图中，不允许出现一个代号代表一个施工过程（工作）。

一条箭线只能代表一个施工过程，一条箭线箭头节点的编号必须大于箭尾节点的编号，一张网络图的节点编号顺序一般是从左至右、从上到下进行编号的，节点编号不能重复，按自然数从小到大编号，也可以跳号，两个代号只能代表一个施工过程，如图 2-21 所示。

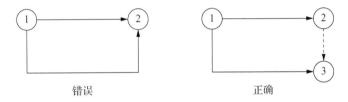

图 2-21　网络图示例（1）

2）一个网络图中，只允许有一个起点节点和一个终点节点。

双代号网络图中只有一个起点节点，在不分期完成任务的网络图中，只有一个终点节点，而其他所有节点均应是中间节点，如图 2-22 所示。

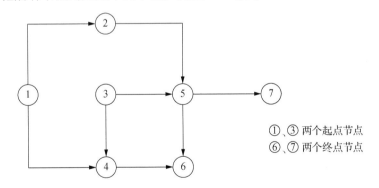

图 2-22　有多个起点节点和终点节点的错误网络

3）网络图中不允许出现循环回路。

双代号网络图中，严禁出现循环回路，表达方式如图 2-23 所示。图中②、③、④、⑤构成循环回路，是错误的。

4）网络图中不允许出现双向箭头或无箭头工作。

双代号网络图中，在节点之间严禁出现带双向箭头或无箭头的连线，它会导致工作顺序不明确，如图 2-24 所示。

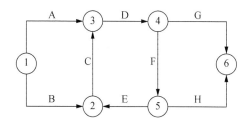
　　　　　　　　　　　　　　　　　　　　　　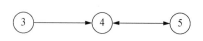

图 2-23　有循环回路的错误网络　　　　　图 2-24　有双向箭头的错误网络

5）一个网络图中，严禁在箭线上引入或引出箭线，如图 2-25 所示。

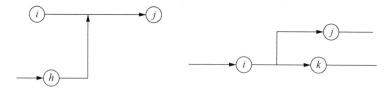

图 2-25　箭线上引入或引出箭线的错误网络

6）网络图中，不允许出现没有箭头节点的箭线和没有箭尾节点的箭线，如图 2-26 所示。

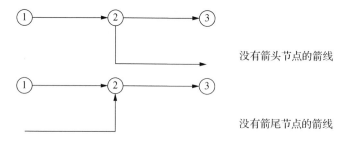

图 2-26　没有箭头节点或没有箭尾节点的错误网络

7）网络图中尽量避免交叉箭线，当无法避免时，应采用过桥法或指向法表示，如图 2-27 所示。

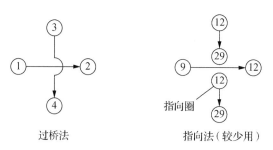

图 2-27　网络图示例（2）

8）当网络图的起点节点有多条外向箭线或终点节点有多条内向箭线时，为使图形简洁，可应用母线法绘制，如图 2-28 所示。

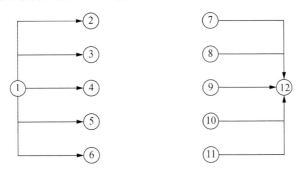

图 2-28 网络图示例（3）

2.2.3 绘制网络图应注意的问题

1. 绘制要求

（1）步骤

1）绘草图：画出从起点节点出发的所有箭杆；从左至右依次绘制出紧接其后的箭杆，直至终点节点；检查网络图中各施工过程的逻辑关系。

2）整理网络图，使之条理清楚、层次分明。

（2）绘制要求

1）层次分明，重点突出。

2）构图形式简捷、易懂。

① 箭杆最后画成直线，不宜画成曲线；尽量避免箭线的交叉，如图 2-29 所示。

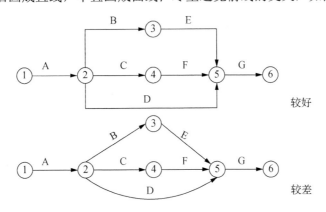

图 2-29 网络图示例（4）

② 正确应用虚箭线，应力求减少不必要的箭杆，如图 2-30 所示。

图 2-30　网络图示例（5）

2. 绘制示例

【例 2-1】　根据表 2-2 中的逻辑关系，绘制双代号网络图并进行节点编号。

表 2-2　逻辑关系表

施工过程	紧前工作	紧后工作	持续时间/周
A	无	B	3
B	A	C、D、E	2
C	B	F、G	6
D	B	F	5
E	B	G	3
F	C、D	H、I	2
G	C、E	H	7
H	F、G	J	4
I	F	J	5
J	H、I	无	4

解：1）根据逻辑关系绘制网络图草图，如图 2-31 所示。

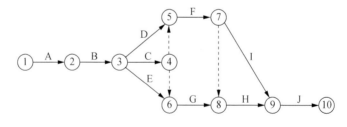

图 2-31　网络图草图

2）整理成正式网络图：去掉多余的节点，横平竖直，节点编号从小到大，如图 2-32 所示。

　　思考　试根据表 2-3 各施工过程的逻辑关系，绘制双代号网络图。

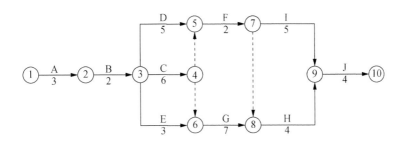

图 2-32 正式网络图

表 2-3 各施工过程的逻辑关系

施工过程名称	A	B	C	D	E	F	G	H
紧前工作	无	A	B	B	B	C、D	C、E	F、G
紧后工作	B	C、D、E	F、G	F	G	H	H	无

2.2.4 双代号施工网络图的排列方法

1）工艺顺序按水平方向排列，如图 2-33 所示。

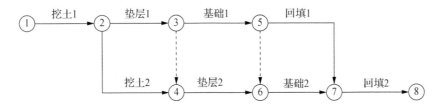

图 2-33 工艺顺序按水平方向排列的网络

2）施工段按水平方向排列，如图 2-34 所示。

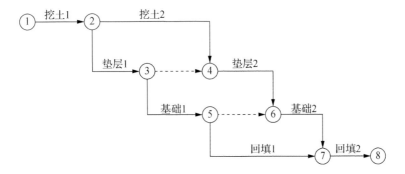

图 2-34 施工段按水平方向排列的网络

2.3 双代号网络计划时间参数的计算

案例引入 ✍

已知某双代号网络图，如图 2-35 所示，分别按节点计算法和工作计算法进行各时间参数的计算。

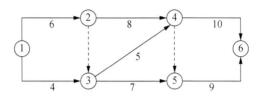

图 2-35 某双代号网络图

2.3.1 双代号网络计划时间参数的介绍

网络计划是在网络图上加注各项工作的时间参数而成的进度计划。双代号网络计划的编制和时间参数的计算常采用工作计算法、节点计算法、标号法和时标网络计划法。

1. 计算网络计划时间参数的目的

1）通过计算时间参数，可以确定工期。

2）通过计算时间参数，可以确定关键线路、关键工作、非关键线路和非关键工作。

3）通过计算时间参数，可以确定非关键工作的机动时间（时差）。

2. 网络计划的时间参数

网络计划的时间参数及符号见表 2-4。

表 2-4 网络计划的时间参数及符号

	时间参数	符号
工期	计算工期	T_C
	要求工期	T_r
	计划工期	T_P
工作的时间参数	持续时间	D_{i-j}
	最早开始时间	ES_{i-j}
	最早完成时间	EF_{i-j}
	最迟开始时间	LS_{i-j}
	最迟完成时间	LF_{i-j}

时间参数		符号
工作的时间参数	总时差	TF_{i-j}
	自由时差	FF_{i-j}
节点的时间参数	最早时间	ET_i
	最迟时间	LT_i

（1）工作持续时间

工作持续时间（D_{i-j}）是指一项工作或施工过程从开始到完成所需的时间。

（2）工作最早时间参数

最早时间参数表明本工作与紧前工作的关系，如果本工作要提前，不能提前到紧前工作未完成之前，这样就整个网络图而言，最早时间参数受到开始节点的制约。计算时，从开始节点出发，顺着箭线用加法计算。

1）最早开始时间（ES_{i-j}）：在紧前工作约束下，工作有可能开始的最早时刻。

2）最早完成时间（EF_{i-j}）：在紧前工作约束下，工作有可能完成的最早时刻。

（3）工作最迟时间参数

最迟时间参数表明的是本工作与紧后工作的关系，如果本工作要推迟，不能推迟到紧后工作最迟必须开始之后，这样就整个网络图而言，最迟时间参数受到紧后工作和结束节点的制约。计算时，从结束节点出发，逆着箭线用减法计算。

1）最迟开始时间（LS_{i-j}）：在不影响任务按期完成或要求的条件下，工作最迟必须开始的时刻。

2）最迟完成时间（LF_{i-j}）：在不影响任务按期完成或要求的条件下，工作最迟必须完成的时刻。

（4）时差

1）总时差（TF_{i-j}）：总时差是指不影响紧后工作最迟开始时间所具有的机动时间，或在不影响工期前提下的机动时间。

2）自由时差（FF_{i-j}）：自由时差是指在不影响紧后工作最早开始时间的前提下，工作所具有的机动时间。

（5）工期

工期是指完成一项任务所需要的时间，在网络计划中工期一般有以下三种。

1）计算工期（T_C）：计算工期是根据网络计划计算而得的工期，用 T_C 表示。

2）要求工期（T_r）：要求工期是根据上级主管部门或建设单位的要求而定的工期，用 T_r 表示。

3）计划工期（T_P）：计划工期是根据要求工期和计算工期所确定的作为实施目标的工期，用 T_P 表示。

① 当规定了要求工期时，计划工期不应超过要求工期，即

$$T_P \leqslant T_r \tag{2-1}$$

② 当未规定要求工期时，可令计划工期等于计算工期，即

$$T_P = T_C \tag{2-2}$$

（6）节点时间参数

1）节点的最早时间（ET_i）：节点的最早时间是指在双代号网络计划中，以该节点为开始节点的各项工作的最早完成时间。节点 i 的最早时间用 ET_i 表示。

2）节点的最迟时间（LT_i）：节点的最迟时间是指在双代号网络计划中，以该节点为完成节点的各项工作的最迟完成时间。节点 i 的最迟时间用 LT_i 表示。

图 2-36 反映了 $i-j$ 工作的时间参数；图 2-37 反映了 i、j 节点的时间参数。

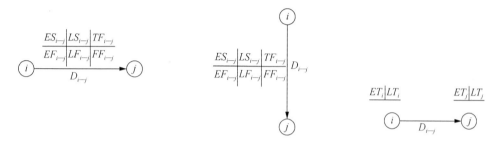

图 2-36　工作时间参数的表达　　　　图 2-37　节点时间参数的表达

2.3.2　计算网络图中的各种时间参数

图上计算法是指直接在网络图上进行计算，简单直观，应用广泛。双代号网络计划时间参数的计算方法有两种：节点计算法和工作计算法。

下面以导入案例所示的网络图（图 2-35）为例说明节点计算法和工作计算法的具体计算步骤。

1．节点计算法的步骤

节点计算法是指先计算网络计划中各个节点的最早时间和最迟时间，然后据此计算各项工作的时间参数和网络计划的计算工期。

为了简化计算，网络计划时间参数中的开始时间和完成时间都应以时间单位的终了时刻为标准。例如，第 4 天开始即是指第 4 天终了时刻（下班）开始，实际上是第 5 天上班时刻才开始；第 6 天完成即是指第 6 天终了时刻（下班）完成。

下面以图 2-35 所示的双代号网络图计划为例，说明按节点计算法计算时间参数的过程。在计算之前，在网络图上应先画好时间参数的标注符号。其计算结果如图 2-38 所示。

（1）计算节点的最早时间和最迟时间

1）计算节点的最早时间。节点最早时间的计算应该从网络计划的起点节点开始，顺着箭线方向（从左向右）依次进行。具体步骤如下。

① 网络计划起点节点，如未规定最早时间，则其值等于零。本例中，起点节点 1 的最早时间为零，即

$$ET_1 = 0 \tag{2-3}$$

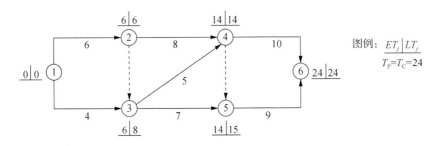

图 2-38　双代号网络计划（节点计算法）

② 中间节点 j 的最早时间计算式如下。

当节点 j 前面节点只有一个时，则

$$ET_j = ET_i + D_{i-j} \qquad (2\text{-}4)$$

当节点 j 前面节点不止一个时，则

$$ET_j = \max[ET_i + D_{i-j}] \qquad (2\text{-}5)$$

即节点 j 的最早时间等于紧前节点的最早时间加上本工作的持续时间后，取其中的最大值。

总结计算方法：从左到右依次进行，直至终点节点，且"顺着箭头相加，逢箭头相碰的节点取最大值"。

本例中，节点 2 的最早时间：$ET_2 = ET_1 + D_{1-2} = 0 + 6 = 6$。

节点 4 的最早时间：$ET_4 = \max[ET_2 + D_{2-4},\ ET_3 + D_{3-4}] = \max[6+8,\ 6+7] = 14$。

网络计划的计算工期等于网络计划终点节点的最早时间，即

$$T_C = ET_n \qquad (2\text{-}6)$$

式中：T_C——网络计划的计算工期；

$\quad\ ET_n$——网络计划终点节点 n 的最早时间。

本例中，其计算工期为 $T_C = ET_6 = 24$。

2）确定网络计划的计划工期。网络计划的计划工期应按式（2-1）或式（2-2）确定。本例中，假设未规定要求工期，则计划工期就等于计算工期，即

$$T_P = T_C = 24$$

计划工期应标注在终点节点的右上方，如图 2-38 所示。

3）计算节点的最迟时间。节点最迟时间的计算应从网络计划的终点节点开始，逆着箭线方向（从右向左）依次进行。具体步骤如下。

① 网络计划终点节点的最迟时间等于网络计划的计划工期，即

$$LT_n = T_P \qquad (2\text{-}7)$$

式中：LT_n——网络计划终点节点 n 的最迟时间；

$\quad\ T_P$——网络计划的计划工期。

例如，在本例中，终点节点 6 的最迟时间为 $LT_6 = T_P = 24$。

② 其他节点的最迟时间的计算如下。

当节点 i 后面的节点只有一个时，则

$$LT_i = LT_j - D_{i-j} \tag{2-8}$$

当节点 i 后面的节点不止一个时，则

$$LT_i = \min[LT_j - D_{i-j}] \tag{2-9}$$

式中：LT_i——工作 $i-j$ 的开始节点 i 的最迟时间；

$\quad\quad LT_j$——工作 $i-j$ 的完成节点 j 的最迟时间；

$\quad\quad D_{i-j}$——工作 $i-j$ 的持续时间。

即节点 i 的最迟时间等于紧后节点（箭线箭尾从 i 出去的完成节点包括虚箭线）的最迟时间减去本工作的持续时间后，取其中的最小值。

总结计算方法：从右到左依次进行，直至终点节点，且"逆着箭头相减，逢箭头相碰的节点取最小值"。

例如，在本例题中，节点 5 和节点 3 的最迟时间分别为

$$LT_5 = LT_6 - D_{5-6} = 24 - 9 = 15$$

$$LT_3 = \min[LT_4 - D_{3-4}, LT_5 - D_{3-5}] = \min[14 - 5, 15 - 7] = 8$$

（2）确定关键线路和关键工作

在双代号网络计划中，关键路线的节点称为关键节点。关键工作两端的节点必为关键节点，但两端为关键节点的工作不一定是关键工作。关键节点的最迟时间与最早时间的差值最小。特别地，当网络计划的计划工期等于计算工期时，关键节点的最早时间与最迟时间必然相等。例如，在本例中，节点 1、2、4、6 就是关键节点。关键节点必然处在关键线路上，但由关键节点组成的线路不一定是关键线路。

当利用关键节点判别关键线路和关键工作时，还要满足下列判别式。

$$ET_i + D_{i-j} = ET_j \tag{2-10}$$

或

$$LT_i + D_{i-j} = LT_j \tag{2-11}$$

式中：ET_i——工作 $i-j$ 的开始节点（关键节点）i 的最早时间；

$\quad\quad D_{i-j}$——工作 $i-j$ 的持续时间；

$\quad\quad ET_j$——工作 $i-j$ 的完成节点（关键节点）j 的最早时间；

$\quad\quad LT_i$——工作 $i-j$ 的开始节点（关键节点）i 的最迟时间；

$\quad\quad LT_j$——工作 $i-j$ 的完成节点（关键节点）j 的最迟时间。

如果两个关键节点之间的工作符合上述判别式，则该工作必然为关键工作，它应该在关键线路上。否则，该工作就不是关键工作，关键线路也就不会从此处通过。在本例中，工作 1—2、工作 2—4 和工作 4—6 均符合上述判别式，故线路 1—2—4—6 为关键线路。

（3）关键节点的特性

在双代号网络计划中，当计划工期等于计算工期时，关键节点具有以下一些特性，掌握好特性，有助于确定工作时间的参数。

1）以关键节点为完成节点的工作，其总时差和自由时差必然相等。

2）当两个关键节点之间有多项工作，且工作时间的非关键节点无其他内向箭线和外向箭线时，则两个关键节点之间各项工作的总时差均相等。在这些工作中，除以关键节点为完成的节点的工作自由时差等于总时差外，其余工作的自由时差均为零。

3）当两个关键节点之间有多项工作，且工作时间的非关键节点有外向箭线而无其他内向箭线时，则两个关键节点之间各项工作的总时差不一定相等。在这些工作中，除以关键节点为完成的节点的工作自由时差等于总时差外，其余工作的自由时差均为零。

2．工作计算法的步骤

工作计算法是指以网络计划中的工作对象，直接计算各项工作的时间参数。这些时间参数包括工作的最早开始时间和最早完成时间、工作的最迟开始时间和最迟完成时间、工作的总时差和自由时差。此外，还应计算网络计划的计算工期。

下面仍以图 2-35 所示的双代号网络图为例，说明按工作计算法计算时间参数的过程。其计算结果如图 2-39 所示。

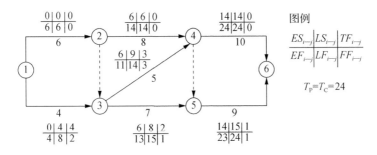

图 2-39　双代号网络计划（工作计算法）

（1）计算工作的最早开始时间和最早完成时间

工作最早开始时间和最早完成时间的计算应从网络计划的起点节点开始，顺着箭线方向依次进行，其计算步骤如下。

1）以网络计划起点节点为开始节点的工作，当未规定其最早开始时间时，其最早开始时间为零，即

$$ES_{i-j}=0 \qquad (2-12)$$

例如，在本例中，工作 1—2、工作 1—3 的最早开始时间都为零，即

$$ES_{1-2}=ES_{1-3}=0$$

2）工作的最早完成时间的计算如下。

$$EF_{i-j}=ES_{i-j}+D_{i-j} \qquad (2-13)$$

式中：EF_{i-j}——工作 i—j 的最早完成时间；

　　　ES_{i-j}——工作 i—j 的最早开始时间；

　　　D_{i-j}——工作 i—j 的持续时间。

例如，在本例中，工作 1—2、工作 1—3 的最早开始时间分别为

$$EF_{1-2}=ES_{1-2}+D_{1-2}=0+6=6$$

$$EF_{1-3}=ES_{1-3}+D_{1-3}=0+4=4$$

3）其他工作的最早开始时间应等于其紧前工作（包括虚工作）最早完成时间的最大值，即：

当工作 i—j 紧前工作只有一个时，则

$$ES_{i-j} = ES_{h-i} + D_{h-i} = EF_{h-i} \tag{2-14}$$

当工作 $i—j$ 紧前工作不止一个时，则

$$ES_{i-j} = \max[ES_{h-i} + D_{h-i}] = \max[EF_{h-i}] \tag{2-15}$$

式中：ES_{i-j}——工作 $i—j$ 的最早开始时间；

　　　EF_{h-i}——工作 $i—j$ 的紧前工作 $h—i$ 的最早完成时间；

　　　ES_{h-i}——工作 $i—j$ 的紧前工作 $h—i$ 的最早开始时间；

　　　D_{h-i}——工作 $i—j$ 的紧前工作 $h—i$ 的持续时间。

例如，在本例中，工作 2—4 和工作 4—6 的最早开始时间分别为

$$ES_{2-4} = EF_{1-2} = 6$$

$$ES_{4-6} = \max[EF_{2-4}, EF_{3-4}] = \max[14,11] = 14$$

4）网络计划的计算工期应等于以网络计划终点节点为完成节点的工作的最早完成时间的最大值，即

$$T_C = \max[EF_{i-n}] = \max[ES_{i-n} + D_{i-n}] \tag{2-16}$$

式中：T_C——网络计划的计算工期；

　　　EF_{i-n}——以网络计划终点节点 n 为完成节点的工作的最早完成时间；

　　　ES_{i-n}——以网络计划终点节点 n 为完成节点的工作的最早开始时间；

　　　D_{i-n}——以网络计划终点节点 n 为完成节点的工作的持续时间。

在本例中，网络计划的计算工期为

$$T_C = \max[EF_{4-6}, EF_{5-6}] = \max[24,23] = 24$$

（2）确定网络计划的计划工期

网络计划的计划工期应按式（2-1）或式（2-2）确定。在本例中，未规定要求工期，则其计划工期就等于计算工期，即 $T_P = T_C = 24$。

计划工期应标注在网络计划终点节点的右上方，如图 2-39 所示。

（3）计算工作的最迟完成时间和最迟开始时间

工作最迟完成时间和最迟开始时间的计算应从网络计划的终点节点开始，逆着箭线方向依次进行。计算步骤如下。

1）以网络计划终点节点为完成节点的工作，其最迟完成时间等于网络计划的计划工期，即

$$LF_{i-n} = T_P \tag{2-17}$$

式中：LF_{i-n}——以网络计划终点节点 n 为完成节点的工作的最迟完成时间；

　　　T_P——网络计划的计划工期。

本例中，工作 4—6 和工作 5—6 的最迟完成时间为

$$LF_{4-6} = LF_{5-6} = T_P = 24$$

2）工作的最迟开始时间的计算公式如下。

$$LS_{i-j} = LF_{i-j} - D_{i-j} \tag{2-18}$$

式中：LS_{i-j}——工作 $i—j$ 的最迟开始时间；

　　　LF_{i-j}——工作 $i—j$ 的最迟完成时间；

　　　D_{i-j}——工作 $i—j$ 的持续时间。

例如，在本例中，工作 4—6、工作 5—6 的最迟开始时间分别为

$$LS_{4-6}=LF_{4-6}-D_{4-6}=24-10=14$$

$$LS_{5-6}=LF_{5-6}-D_{5-6}=24-9=15$$

3）其他工作的最迟完成时间应等于其紧后工作（包括虚工作）最迟开始时间的最小值，即：

当工作 $i—j$ 紧后工作只有一个时，则

$$LF_{i-j} = LF_{j-k}-D_{j-k} = LS_{j-k} \tag{2-19}$$

当工作 $i—j$ 紧后工作不止一个时，则

$$LF_{i-j}=\min[LS_{j-k}]=\min[LF_{j-k}-D_{j-k}] \tag{2-20}$$

式中：LF_{i-j}——工作 $i—j$ 的最迟完成时间；

　　　LS_{j-k}——工作 $i—j$ 的紧后工作 $j—k$ 的最迟开始时间；

　　　LF_{j-k}——工作 $i—j$ 的紧后工作 $j—k$ 的最迟完成时间；

　　　D_{j-k}——工作 $i—j$ 的紧后工作 $j—k$ 的持续时间。

例如，在本例中，工作 1—3 和工作 3—5 的最迟完成时间分别为

$$LF_{1-3}=\min[LS_{3-4}, LS_{3-5}]=\min[9, 8]=8$$

$$LF_{3-5}=15$$

（4）计算工作的总时差

工作的总时差是指在不影响工期的前提下，本工作可以利用的机动时间。

工作的总时差等于该工作最迟完成时间与最早完成时间之差，或该工作最迟开始时间与最早开始时间之差，即

$$TF_{i-j}=LF_{i-j}-EF_{i-j}=LS_{i-j}-ES_{i-j} \tag{2-21}$$

式中：TF_{i-j}——工作 $i—j$ 的总时差。

其余符号同前。

例如，在本例中，工作 3—5 的总时差为

$$TF_{3-5}=LF_{3-5}-EF_{3-5}=15-13=2$$

或

$$TF_{3-5}=LS_{3-5}-ES_{3-5}=8-6=2$$

（5）计算工作的自由时差

工作的自由时差是指在不影响其紧后工作最早开始时间的前提下，本工作可以利用的机动时间。

工作自由时差的计算应按以下两种情况分别考虑。

1）对于有紧后工作的工作，其自由时差等于本工作的紧后工作最早开始时间减本工作最早完成时间所得的差，即

$$FF_{i-j}=ES_{j-k}-EF_{i-j}=ES_{j-k}-ES_{i-j}-D_{i-j} \tag{2-22}$$

式中：FF_{i-j}——工作 $i—j$ 的自由时差；

　　　ES_{j-k}——工作 $i—j$ 的紧后工作 $j—k$ 的最早开始时间；

　　　EF_{i-j}——工作 $i—j$ 的最早完成时间；

　　　ES_{i-j}——工作 $i—j$ 的最早开始时间；

D_{i-j}——工作 $i—j$ 的持续时间。

例如，在本例中，工作 3—5 的自由时差为

$$FF_{3-5}=ES_{5-6}-EF_{3-5}=14-13=1$$

2）对于无紧后工作的工作，也就是以网络计划终点节点为完成节点的工作，其自由时差等于计划工期与本工作最早完成时间之差，即

$$FF_{i-n}=T_P-EF_{i-n}=T_P-ES_{i-n}-D_{i-n} \qquad (2\text{-}23)$$

式中：FF_{i-n}——以网络计划终点节点 n 为完成节点的工作 $i—n$ 的自由时差；

T_P——网络计划的计划工期；

EF_{i-n}——以网络计划终点节点 n 为完成节点的工作 $i—n$ 的最早完成时间；

ES_{i-n}——以网络计划终点节点 n 为完成节点的工作 $i—n$ 的最早开始时间；

D_{i-n}——以网络计划终点节点 n 为完成节点的工作 $i—n$ 的持续时间。

例如，在本例中，工作 4—6、工作 5—6 的自由时差分别为

$$FF_{4-6}=T_P-EF_{4-6}=24-24=0$$

$$FF_{5-6}=T_P-EF_{5-6}=24-23=1$$

需要指出的是，对于网络计划中以终点节点为完成节点的工作，其自由时差与总时差相等。此外，由于工作的自由时差是其总时差的构成部分，所以，当工作的总时差为零时，其自由时差必然为零，可不必进行专门计算。例如，在本例中，工作 1—2、工作 2—4 和工作 4—6 的总时差全部为零，故其自由时差也全部为零。

（6）确定关键工作和关键线路

在网络计划中，总时差最小的工作为关键工作。特别地，当网络计划的计划工期等于计算工期时，总时差为零的工作就是关键工作。例如，在本例中，工作 1—2、工作 2—4 和工作 4—6 的总时差均为零，故它们都是关键工作。

找出关键工作之后，将这些关键工作首尾相连，便至少构成一条从起点节点到终点节点的通路，通路上各项工作的持续时间总和最大的就是关键线路。在关键线路上可能有虚工作存在。

关键线路一般用粗箭线或双箭线标出，也可以用彩色线标出。例如，在本例中，线路 1—2—4—6 即为关键线路。关键线路上各项工作的持续时间总和应等于网路计划的计算工期，这一特点也是判别关键线路是否正确的准则。

3. 根据节点的最早时间和最迟时间判定工作的六个时间参数

先计算节点的时间参数，然后根据节点的最早时间和最迟时间判定工作的六个时间参数，其计算结果如图 2-40 所示。

1）工作的最早开始时间等于该工作开始节点的最早时间，即

$$ES_{i-j}=ET_i \qquad (2\text{-}24)$$

例如，在本例中，工作 1—2 和工作 2—4 的最早开始时间分别为

$$ES_{1-2}=ET_1=0$$

$$ES_{2-4}=ET_2=6$$

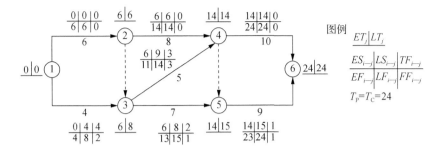

图 2-40 六个时间参数的计算结果

2）工作的最早完成时间等于该工作开始节点的最早时间与其持续时间之和，即
$$EF_{i-j}=ET_i+D_{i-j}=ES_{i-j}+D_{i-j} \qquad (2\text{-}25)$$
例如，在本例中，工作 1—2 和工作 2—4 的最早完成时间分别为
$$EF_{1-2}=ET_1+D_{1-2}=0+6=6$$
$$EF_{2-4}=ET_2+D_{2-4}=6+8=14$$

3）工作的最迟完成时间等于该工作完成节点的最迟时间，即
$$LF_{i-j}=LT_j \qquad (2\text{-}26)$$
例如，在本例中，工作 1—2 和工作 2—4 的最迟完成时间分别为
$$LF_{1-2}=LT_2=6$$
$$LF_{2-4}=LT_4=14$$

4）工作的最迟开始时间等于该工作完成节点的最迟时间与其持续时间之差，即
$$LS_{i-j}=LT_j-D_{i-j}=LF_{i-j}-D_{i-j} \qquad (2\text{-}27)$$
例如，在本例中，工作 1—2 和工作 2—4 的最迟开始时间分别为
$$LS_{1-2}=LT_2-D_{1-2}=6-6=0$$
$$LS_{2-4}=LT_4-D_{2-4}=14-8=6$$

5）工作的总时差可根据式（2-21）、式（2-25）和式（2-26）得到：
$$TF_{i-j}=LF_{i-j}-LT_j-(ET_i+D_{i-j})=LT_j-ET_i-D_{i-j} \qquad (2\text{-}28)$$
由式（2-28）可知，工作的总时差等于该工作完成节点的最迟时间减去该工作开始节点的最早时间所得的差值再减去其持续时间。例如，在本例中，工作 1—2 和工作 3—4 的总时差分别为
$$TF_{1-2}=LT_2-ET_1-D_{1-2}=6-0-6=0$$
$$TF_{3-4}=LT_4-ET_3-D_{3-4}=14-6-5=3$$

6）工作的自由时差可根据式（2-22）和式（2-24）得到：
$$FF_{i-j}=ES_{j-k}-ES_{i-j}-D_{i-j}=ET_j-ET_i-D_{i-j} \qquad (2\text{-}29)$$
由式（2-29）可知，工作的自由时差等于该工作完成节点的最早时间减去该工作开始节点的最早时间所得的差值再减去其持续时间。例如，在本例中，工作 1—2 和工作 3—4 的自由时差分别为
$$FF_{1-2}=ET_2-ET_1-D_{1-2}=6-0-6=0$$

$$FF_{3-4}=ET_4-ET_3-D_{3-4}=14-6-5=3$$

4. 总时差和自由时差的特性

通过计算不难看出总时差有如下特性。

1）凡是总时差为最小的工作就是关键工作；由关键工作连接构成的线路为关键线路；关键线路上各工作时间之和即为总工期。

2）当网络计划的计划工期等于计算工期时，凡总时差大于零的工作为非关键工作，凡是具有非关键工作的线路即为非关键线路。非关键线路与关键线路相交时的相关节点把非关键线路划分成若干个非关键线路段，各段有各段的总时差，相互没有关系。

3）总时差的使用具有双重性，它既可以被该工作使用，但又属于某非关键线路。当某项工作使用了全部或部分总时差时，则将引起通过该工作的线路上所有工作总时差重新分配。

通过计算不难看出自由时差有如下特性。

1）自由时差为某非关键工作独立使用的机动时间，利用自由时差，不会影响其紧后工作的最早开始时间。

2）非关键工作的自由时差必小于或等于其总时差。

📖 **思考**　已知某双代号网络图，如图 2-41 所示，分别按节点计算法和工作计算法进行各时间参数的计算。

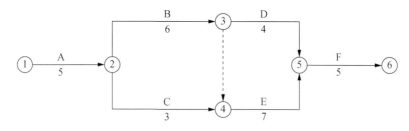

图 2-41　某双代号网络图

2.4　单代号网络计划

案例引入 ✍

已知单代号网络计划如图 2-42 所示，若计划工期等于计算工期，试计算单代号网络计划的时间参数，将其标注在网络计划上，并用双箭线标示关键线路。

单代号网络图是网络计划的另一种表示方法，它是用一个圆圈或方框表示一个施工过程，其代号、名称和时间都写在圆圈或方框内，用箭线表示施工过程之间的逻辑关系，这就是单代号表示方法。用这种表示方法把一项计划中的所有工作按先后顺序将其相互之间的逻辑关系，从左到右绘制而成的图形称为单代号网络图，用这种网路图表示的计划称为单代号网络计划。图 2-42 是一个简单的单代号网络图，图 2-43 是常见的单代号表示法。

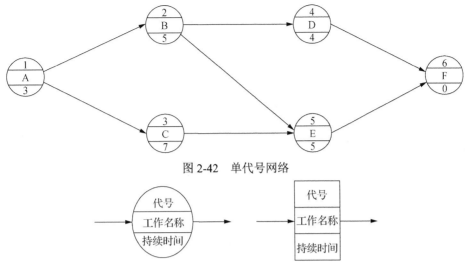

图 2-42   单代号网络

图 2-43   单代号表示方法

2.4.1   单代号网络图的基本要素

单代号网络图是由节点、箭线、线路三个基本要素组成的。

1. 节点

节点表示一个施工过程（或工作），其范围、内容与双代号网络图箭线基本相同，用圆圈或方框表示。当有两个以上施工过程同时开始或同时结束时，一般要虚拟一个"开始节点"或"结束节点"，以完善其逻辑关系。节点的编号同双代号网络图。

2. 箭线

单代号网络图中的箭线表示相邻施工过程之间的逻辑关系，既不占用时间也不消耗资源。箭线箭头所指的方向表示施工过程的进行方向，即同一箭尾节点所表示的施工过程（工作）为箭头节点所表示的施工过程（工作）的紧前过程。箭线均为实箭线，应保持自左向右的总方向，宜画成水平箭线或斜箭线。

3. 线路

线路是指从起点节点到终点节点，沿着箭线方向通过一系列箭线与节点的通路。同双代号网络图的含义相同，从网络计划起点节点到结束节点之间持续时间最长的线路为关键线路，其余的线路称为非关键线路。

2.4.2   单代号网络图的绘制

1. 正确表示各种逻辑关系

1）A、B、C 三项工作依次完成，如图 2-44 所示。
2）A、B、C 三项工作同时开始施工，如图 2-45 所示。
3）A、B、C 三项工作同时结束施工，如图 2-46 所示。

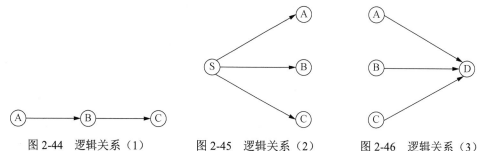

图 2-44　逻辑关系（1）　　　图 2-45　逻辑关系（2）　　　图 2-46　逻辑关系（3）

4）A、B、C 三项工作，只有 A 工作完成后，B、C 两项工作才能开始，如图 2-47 所示。

5）A、B、C 三项工作，C 工作只能在 A、 B 两项工作完成之后才能开始，如图 2-48 所示。

6）A、B、C、D 四项工作，当 A、B 两项工作完成后，C、D 两项工作才能开始，如图 2-49 所示。

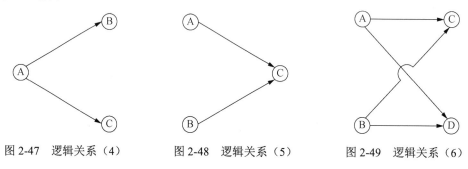

图 2-47　逻辑关系（4）　　　图 2-48　逻辑关系（5）　　　图 2-49　逻辑关系（6）

2．绘图规则

单代号网络图的绘图规则与双代号网络图的绘图规则基本相同，主要区别如下。

（1）起点节点和终点节点

当网络图中有多项开始工作时，应增设一项虚拟工作（S）作为该网络图的起点节点，当网络图中有多项结束工作时，应增设一项虚拟工作（F）作为该网络图的终点节点。如图 2-50 所示，其中 S 和 F 为虚拟工作。

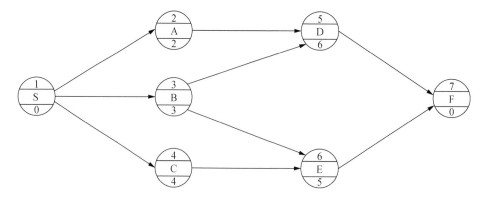

图 2-50　具有虚拟起点节点和虚拟终点节点的单代号网络图

（2）无虚工作

紧前工作和紧后工作直接用箭线表示，其逻辑关系无虚工作。

3.　单代号网络图举例

【例 2-2】　根据表 2-5 的各施工过程的逻辑关系，绘出单代号网络图。

表 2-5　各施工过程的逻辑关系

工作名称	持续时间/d	紧前工作	紧后工作
A	2	无	B、C
B	3	A	D
C	2	A	D、E
D	1	B、C	F
E	2	C	F
F	1	D、E	无

解：根据表 2-5 绘制的单代号网络图如图 2-51 所示。

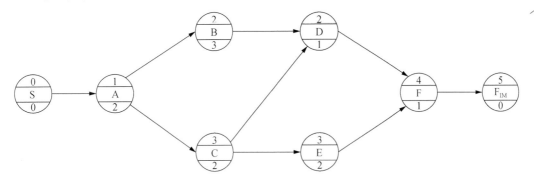

图 2-51　单代号网络图

4.　单代号网络图与双代号网络图的特点比较

1）单代号网络图绘制方便，不必增加虚工作。在此点上，弥补了双代号网络图的不足。

2）单代号网络图具有便于说明、容易被非专业人员所理解和易于修改等优点。

3）双代号网络图表示工程进度比用单代号网络图更为形象，特别是应用在带时间坐标的网络图中。

4）双代号网络图采用电子计算机进行计算和优化，其过程更为简单。

由于单代号网络图和双代号网络图有上述各自的优、缺点，且两种表示法在不同情况下，其表现的繁简程度是不同的。有些情况下，单代号表示法较为简单；有些则是双代号更为清楚。因此，二者是互为补充、各具特色的表现方法。

　　思考　已知各项工作之间的逻辑关系，见表 2-6，绘制单代号网络图。

表 2-6　各项工作之间的逻辑关系

工作名称	A	B	C	D	E	F	G
紧前工作	无	A	A	A	B	B、C、D	D
紧后工作	B、C、D	E、F	F	F、G	无	无	无
持续时间	2	3	4	6	8	4	4

2.4.3　单代号网络计划时间参数的计算

单代号网络计划与双代号网络计划只是表现形式不同，它们所表达的内容则完全一样。

1. 单代号网络计划时间参数的标注形式

单代号网络计划时间参数的标注如图 2-52 所示。

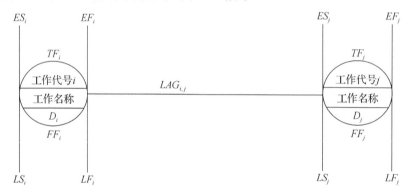

图 2-52　单代号网络计划时间参数的标注形式

2. 单代号网络计划时间参数的计算

单代号网络计划时间参数的计算过程如下。

（1）计算工作的最早开始时间和最早完成时间

工作最早开始时间和最早完成时间的计算应从网络计划的起点节点开始，顺着箭线方向按节点编号从小到大的顺序依次进行。其计算步骤如下。

1）网络计划起点节点的最早开始时间为零，即 $ES_i=0$（$i=1$）。

2）工作的最早完成时间应等于本工作的最早开始时间与其持续时间之和，即

$$EF_i=ES_i+D_i \tag{2-30}$$

式中：EF_i——工作 i 的最早完成时间；

　　　ES_i——工作 i 的最早开始时间；

　　　D_i——工作 i 的持续时间。

3）其他工作的最早开始时间等于其紧前工作最早完成时间的最大值，即

$$ES_j=\max[EF_i] \tag{2-31}$$

式中：ES_j——工作 j 的最早开始时间；

　　　EF_i——工作 j 的紧前工作 i 的最早完成时间。

4）计算工期等于其终点节点所代表的工作的最早完成时间。

（2）计算相邻两项工作之间的时间间隔

相邻两项工作之间的时间间隔是指其紧后工作的最早开始时间与本工作最早完成时间的差值，即

$$LAG_{i,j} = ES_j - EF_i \qquad (2\text{-}32)$$

式中：$LAG_{i,j}$——工作 i 与其紧后工作 j 之间的时间间隔；

　　　ES_j——工作 i 的紧后工作 j 的最早开始时间；

　　　EF_i——工作 i 的最早完成时间。

（3）确定网络计划的计算工期 T_C

$$T_C = EF_n \qquad (2\text{-}33)$$

式中：EF_n——终点节点 n 所代表的工作的最早完成时间（即计算工期）。

（4）计算工作的总时差

工作总时差的计算应从网络计划的终点节点开始，逆着箭线方向按节点编号从大到小的顺序依次进行。

1）网络计划终点节点 n 所代表的工作的总时差应等于计划工期与计算工期之差，即

$$TF_n = T_P - T_C \qquad (2\text{-}34)$$

当计划工期等于计算工期时，该工作的总时差为零。

2）其他工作的总时差等于本工作与其各紧后工作之间的时间间隔加该紧后工作的总时差所得之和的最小值，即

$$TF_i = \min[LAG_{i,j} + TF_j] \qquad (2\text{-}35)$$

式中：TF_i——工作 i 的总时差；

　　　$LAG_{i,j}$——工作 i 与其紧后工作 j 之间的时间间隔；

　　　TF_j——工作 i 的紧后工作 j 的总时差。

（5）计算工作的自由时差 FF_i

1）网络计划终点节点 n 所代表的工作的自由时差等于计划工期与本工作的最早完成时间之差，即

$$FF_n = T_P - EF_n \qquad (2\text{-}36)$$

式中：FF_n——终点节点 n 所代表的工作的自由时差；

　　　T_P——网络计划的计划工期。

2）其他工作的自由时差等于本工作与其紧后工作之间时间间隔的最小值，即

$$FF_i = \min[LAG_{i,j}] \qquad (2\text{-}37)$$

（6）计算工作的最迟完成时间和最迟开始时间

工作的最迟完成时间和最迟开始时间的计算可按以下两种方法进行。

1）根据总时差计算。

① 工作的最迟完成时间等于本工作的最早完成时间与其总时差之和，即

$$LF_i = EF_i + TF_i \qquad (2\text{-}38)$$

② 工作的最迟开始时间等于本工作的最早开始时间与其总时差之和，即

$$LS_i = ES_i + TF_i \qquad (2\text{-}39)$$

2）根据计划工期计算。

工作最迟完成时间和最迟开始时间的计算应从网络计划的终点节点开始，逆着箭线

方向按节点编号从大到小的顺序依次进行。

① 网络计划终点节点 n 所代表的工作的最迟完成时间等于该网络计划的计划工期，即

$$LF_n = T_P \qquad (2\text{-}40)$$

② 工作的最迟开始时间等于本工作的最迟完成时间与其持续时间之差，即

$$LS_i = LF_i - D_i \qquad (2\text{-}41)$$

③ 其他工作的最迟完成时间等于该工作各紧后工作最迟开始时间的最小值，即

$$LF_i = \min[LS_j] \qquad (2\text{-}42)$$

式中：LF_i——工作 i 的最迟完成时间；

LS_j——工作 i 的紧后工作 j 的最迟开始时间。

（7）确定网络计划的关键线路

1）利用关键工作确定关键线路。总时差最小的工作为关键工作。将这些关键工作相连，并保证相邻两项关键工作之间的时间间隔为零而构成的线路就是关键线路。

2）利用相邻两项工作之间的时间间隔确定关键线路。从网络计划的终点节点开始，逆着箭线方向依次找出相邻两项工作之间时间间隔为零的线路就是关键线路。

在网络计划中，关键线路可以用粗箭线或双箭线标出，也可以用彩色箭线标出。

3. 单代号网络计划时间参数的计算示例

【例2-3】 已知单代号网络计划如图2-42所示，若计划工期等于计算工期，试计算单代号网络计划的时间参数，将其标注在网络计划上，并用双箭线标示关键线路。

解：（1）计算最早开始时间和最早完成时间

1）$ES_1=0$，$EF_1=ES_1+D_1=0+3=3$。

2）$ES_2=EF_1=3$，$EF_2=ES_2+D_2=3+5=8$。

3）$ES_3=EF_1=3$，$EF_3=ES_3+D_3=3+7=10$。

4）$ES_4=EF_2=8$，$EF_4=ES_4+D_4=8+4=12$。

5）$ES_5=\max[EF_2,EF_3]=\max[8,10]=10$，$EF_5=ES_5+D_5=10+5=15$。

6）$ES_6=\max[EF_4,EF_5]=\max[12,15]=15$，$EF_6=ES_6+D_6=15+0=15$。

已知计划工期等于计算工期，故有 $T_P=T_C=EF_6=15$。

（2）计算相邻两项工作之间的时间间隔 $LAG_{i,j}$

1）$LAG_{1,2}=ES_2-EF_1=3-3=0$。

2）$LAG_{1,3}=ES_3-EF_1=3-3=0$。

3）$LAG_{2,4}=ES_4-EF_2=8-8=0$。

4）$LAG_{2,5}=ES_5-EF_2=10-8=2$。

5）$LAG_{3,5}=ES_5-EF_3=10-10=0$。

6）$LAG_{4,6}=ES_6-EF_4=15-12=3$。

7）$LAG_{5,6}=ES_6-EF_5=15-15=0$。

（3）计算工作的总时差

已知计划工期等于计算工期：$T_P=T_C=15$，故终点节点6的总时差为零，即 $TF_6=0$。其他工作的总时差如下。

1）$TF_5=TF_6+LAG_{5,6}=0+0=0$。

2）$TF_4=TF_6+LAG_{4,6}=0+3=3$。

3）$TF_3=TF_5+LAG_{3,5}=0+0=0$。

4）$TF_2 =\min[(TF_4+LAG_{2,4}), (TF_5+LAG_{2,5})]=\min[(3+0),(0+2)]=2$。

5）$TF_1=\min[(TF_2+LAG_{1,2}), (TF_3+LAG_{1,3})]=\min[(2+0),(0+0)]=0$。

（4）计算工作的自由时差 FF_i

已知计划工期等于计算工期：$T_P=T_C=15$，故终点节点 6 的自由时差为零，即 $FF_6=T_P-EF_6=15-15=0$。其他工作的自由时差如下。

1）$FF_5=LAG_{5,6}=0$。

2）$FF_4=LAG_{4,6}=3$。

3）$FF_3=LAG_{3,5}=0$。

4）$FF_2=\min[LAG_{2,4}, LAG_{2,5}]=\min[0,2]=0$。

5）$FF_1=\min[LAG_{1,2}, LAG_{1,3}]=\min[0,0]=0$。

（5）计算工作的最迟开始时间 LS_i 和最迟完成时间 LF_i

1）$LS_1=ES_1+TF_1=0+0=0$，$LF_1=EF_1+TF_1=3+0=3$。

2）$LS_2=ES_2+TF_2=3+2=5$，$LF_2=EF_2+TF_2=8+2=10$。

3）$LS_3=ES_3+TF_3=3+0=3$，$LF_3=EF_3+TF_3=10+0=10$。

4）$LS_4=ES_4+TF_4=8+3=11$，$LF_4=EF_4+TF_4=12+2=15$。

5）$LS_5=ES_5+TF_5=10+0=10$，$LF_5=EF_5+TF_5=15+0=15$。

6）$LS_6=ES_6+TF_6=15+0=15$，$LF_6=EF_6+TF_6=15+0=15$。

将以上计算结果标注在图 2-42 中的相应位置，即得图 2-53。

（6）关键工作和关键线路的确定

根据计算结果，总时差为零的工作 A、C、E、F 为关键工作。

从起点节点 1 开始到终点节点 6 均为关键工作，且所有工作之间时间间隔为零的线路 1—3—5—6 为关键线路，用双箭线标示在图 2-53 中。

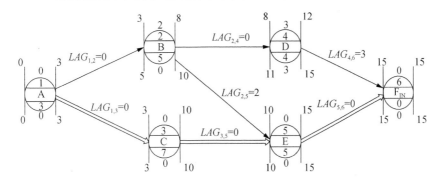

图 2-53 单代号网络计划

思考 已知单代号网络图，如图 2-54 所示，计算单代号网络计划的时间参数。

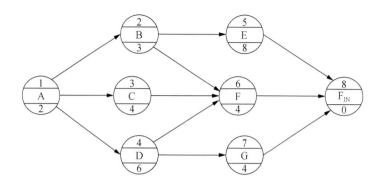

图 2-54　单代号网络图的绘制

思　考　题

1．什么是网络图？什么是网络计划？

2．虚工作的作用是什么？举例说明。

3．双代号网络图的绘制原则有哪些？

4．一般网络计划要计算哪些时间参数？简述各参数的符号。

5．什么是总时差？什么是自由时差？两者有何关系？

6．什么是关键线路？对于双代号网络计划和单代号网络计划，如何判断关键线路？

7．简述双代号网络计划中工作计算法的计算步骤。

练　习　题

一、填空题

1．双代号网络图是由_____、_____和_____三个基本要素组成的有向、有序的网状图形。

2．双代号网络图中，一个箭线表示一个_____。

3．双代号网络图的逻辑关系分为两大类：_____ 和_____。

4．在进度计划实施中，若某工作的进度偏差小于或等于该工作的_____，此偏差将不会影响总工期。

5．单代号网络图的节点代表_____。

二、单选题

1．双代号网络计划中，工作的最早开始时间应为（　　　）。

A．所有紧前工作最早完成时间的最大值

B．所有紧前工作最早完成时间的最小值

C．所有紧前工作最迟完成时间的最大值

D．所有紧前工作最迟完成时间的最小值

2. 如果 A、B 两项工作的最早开始时间分别为 6d 和 7d，它们的持续时间分别为 4d 和 5d，则它们共同紧后工作 C 的最早开始时间为（　　　）d。

A. 10　　　　　　　B. 11　　　　　　　C. 12　　　　　　　D. 13

3. 某网络计划中 A 工作有紧后工作 B 和 C，其持续时间 A 为 5d、B 为 4d、C 为 6d。如果 B 和 C 的最迟完成时间是 25d 和 23d，则工作 A 的最迟开始时间是（　　　）d。

A. 21　　　　　　　B. 17　　　　　　　C. 12　　　　　　　D. 16

4. 关于双代号网络图绘制原则，说法正确的是（　　　）。

A. 虚箭线严禁交叉，否则容易引起混乱

B. 严禁出现循环回路，否则容易造成逻辑关系混乱

C. 虚工作可用波形线表示

D. 可以有多个开始节点和结束节点

5. 在网络计划中，当计算工期等于要求工期时，（　　　）的工作为关键工作。

A. 总时差为零　　　　　　　　　　　B. 有自由时差

C. 没有自由时差　　　　　　　　　　D. 所需资源最多

6. 自由时差和总时差的关系是（　　　）。

A. 自由时差大于总时差

B. 自由时差小于总时差

C. 自由时差等于总时差

D. 自由时差小于或等于总时差

7. 有关单代号网络图的说法，正确的是（　　　）。

A. 用一个节点及编号代表一项工作

B. 用一条箭线及其两端节点的编号代表一项工作

C. 箭杆的长度与工作的持续时间成正比

D. 不需要任何虚工作

三、多选题

1. 在双代号计划中，关键工作（　　　）。

A. 总时差最小

B. 在关键线路上

C. 持续时间最长

D. 自由时差为零

E. 在双代号网络计划的执行过程中，可以转变为非关键工作

2. 网络计划中，工作之间的逻辑关系包括（　　　）。

A. 工艺关系　　　　　B. 组织关系　　　　　C. 生产关系

D. 技术关系　　　　　E. 协调关系

3. 在双代号网络图绘制过程中，下列表述正确的是（　　　）。

A. 一项工作应当对应唯一的一条箭线和相应的一个节点

B．箭尾节点的编号应小于其箭头节点的编号

C．节点编号可不连续，但不允许重复

D．箭线长度原则上可以任意画

E．图中必定有一条以上的虚箭线

4．双代号网络图中虚工作的作用是（　　）。

A．联系作用　　　　　B．搭接作用　　　　　C．断路作用

D．区分作用　　　　　E．交叉作用

5．关于双代号网络计划中非关键工作的说法，错误的是（　　）。

A．非关键工作的时间延误不会影响网络计划的工期

B．非关键工作的自由时差不等于零

C．在网络计划的执行过程中，非关键工作可以转变为关键工作

D．非关键工作的持续时间不可能最长

E．非关键线路必须是由非关键工作组成的线路

四、判断题

1．双代号网络图中箭线的长短一般表示所需时间的长短。　　　　　　（　　）

2．双代号网络图中节点的编号原则是每一个箭杆箭尾节点号码 i 必须小于箭头节点号码 j（即 $i<j$），所有节点编号不能重复出现。　　　　　　　　　（　　）

3．双代号网络图中的关键线路是一成不变的。　　　　　　　　　　　（　　）

4．网络计划图不易计算资源消耗量。　　　　　　　　　　　　　　　（　　）

5．双代号网络图中的虚工作表示既不消耗时间，又不消耗资源。　　　（　　）

五、能力训练

1．已知下列逻辑关系，绘制双代号网络图。

1）H 的紧前工作为 A、B；F 的紧前工作为 B、C、D；G 的紧前工作为 C、D。

2）M 的紧前工作为 A、B、C；N 的紧前工作为 B、C、D。

2．已知工作之间的逻辑关系见表 2-7 和表 2-8，试绘制双代号网络图。

表 2-7　各工作之间的逻辑关系（1）

工作名称	A	B	C	D	E	F	G
紧前工作	C、D	E、G	无	无	无	D、G	无

表 2-8　各工作之间的逻辑关系（2）

工作名称	A	B	C	D	E	F	G	H	I
紧前工作	E	H、A	J、G	H、I、A	无	H、A	无	无	E

3．根据图 2-55 所示的横道图绘制双代号网络计划。

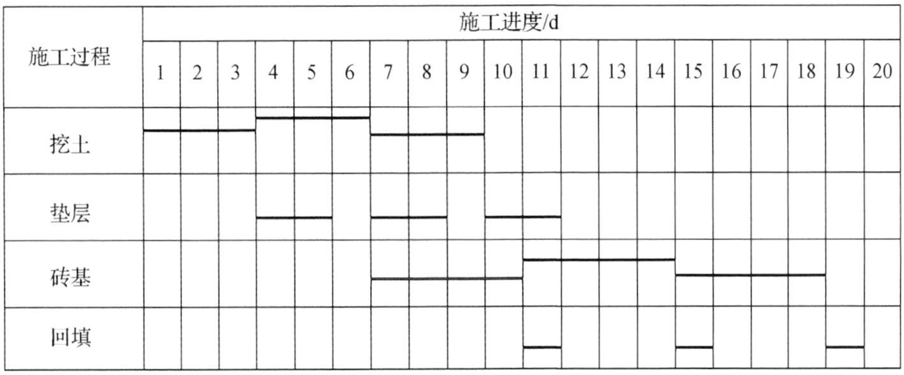

施工过程
施工进度/d
1 2 3 4 5 6 7 8 9 10 11 12 13 14 15 16 17 18 19 20
挖土
垫层
砖基
回填

图 2-55　横道图

4．采用工作计算法计算图 2-56 中的 ES_{i-j}、EF_{i-j}、LS_{i-j}、LF_{i-j}、TF_{i-j}、FF_{i-j} 参数，并找出关键线路。

1
2
3
4
5
6
3
4
7
5
3
5

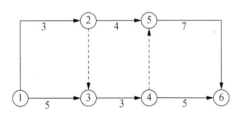

图 2-56　某双代号网络图

5．某工程项目的基础工程分为三个施工段，每个施工过程只有一个施工班组，每个班组尽可能早地投入施工。其原始资料见表 2-9。

表 2-9　某工程原始资料

施工过程	节拍施工段		
	一	二	三
挖土	3	3	3
垫层	2	2	3
基础	4	4	3
回填	2	2	3

1）根据表 2-9 绘制流水施工计划及双代号网络计划图。

2）描述总时差和自由时差的概念，并进行计算。

3）简述关键工作和关键线路的概念。

4）找出关键线路。

6．某基础工程分三段施工，其施工过程及流水节拍为挖槽 2d、打灰土垫层 1d、砌砖基础 3d、回填土 2d。试绘出其双代号网络图。

7．计算图 2-57 所示的网络图的时间参数。

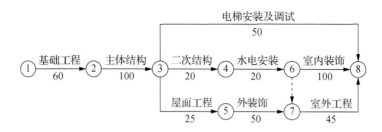

图 2-57　网络图

学习小结

单元 3

单位工程施工组织设计

1）掌握单位工程施工组织设计的编制依据、编制内容和编制程序。

2）掌握工程概况、施工方案、进度计划、资源的需要量与施工准备工作计划、施工平面图的编制内容与编制要求等。

教学要求 ☞

教学要点	技能要点	权重
单位工程施工组织设计的含义	掌握单位工程施工组织设计的编制依据和编制内容	5%
工程概况、工程特点、建设地点特征、施工条件	能够对工程概况和工程施工特点进行分析	10%
施工方案的选择	能够正确地选择施工方案和方法	25%
施工进度计划	掌握施工进度计划的编制	30%
施工准备工作计划与各种资源需要量计划	掌握资源需要量计划的编制内容	20%
施工平面图	掌握施工平面图的绘制	10%

思政导入 ☞

敬业是每个公民必须恪守的基本道德准则，是对公民职业行为准则的价值评价，要求公民忠于职守，克己奉公，服务人民，服务社会，充分体现了社会主义职业精神。如古代大禹治水三过家门而不入；优秀项目经理事迹展中由于基础底板施工连续浇筑混凝土，项目经理四天四夜没离开现场一步；某水电工程项目经理二十年如一日，扎根深山默默奉献，将自己的青春献给了山山水水，献给了水电事业。爱岗敬业精神是工匠精神的延伸与拓展，不仅在专业方面，更多的体现在我们将来作为工作者在所从事的事业中的专注态度。土建类职业施工现场的工作条件恶劣，需要技术技能人才具备很强的环境适应能力以及韧性与忍耐能力，而这些综合起来，就需要土建类人才具备很强的爱岗敬业精神；与此同时，编制施工组织设计需要各专业人员协作完成，因此我们要具备协作共进的团队精神。确定施工顺序时充分考虑施工组织要求，保证施工质量与安全。在施工方案制定过程中，要强化安全意识、文明施工、树立绿色环保的新发展理念。

　　单位工程施工组织编制工作中要有大局意识和层级思维，通过施工项目的划分，提高由整体到局部的分析问题能力和由局部到全局的思维意识，提高学生们在工程建设中的主人翁精神和责任感。

┌─────────┐
│ 案例引入 │ ✎
└─────────┘

　　某小区工程共有三栋楼，均为六层砖混结构，总建筑面积约为 24000m^2，建筑层高 3m，建筑檐口高度为 17.670m，本工程建筑耐久年限为 50 年，耐火等级为二级，屋面防水等级为三级，抗震设防烈度为 7 度。墙体材料：外墙为 240mm 厚页岩多孔砖外贴保温板，外保温采用 60mm 厚挤塑式聚苯乙烯保温板，内墙承重砖墙为 240mm 厚页岩多孔砖，隔墙采用 120mm 厚页岩多孔砖。屋面为不上人保温挂瓦块坡屋面，屋面保温为 110mm 厚聚苯板，屋面防水采用 4mm 高聚改性沥青防水卷材。通过本单元的学习，学生要掌握单位工程施工组织设计的编制内容和方法并完成对本案例进行施工组织设计的编制。

3.1　单位工程施工组织设计概述

1. 单位工程施工组织设计的基本概念

　　单位工程施工组织设计是由施工承包单位工程项目经理以单位（子单位）工程为主要对象编制的，用以指导施工全过程施工活动的技术、组织、经济文件。它是施工前的一项重要准备工作，对单位（子单位）工程的施工过程起指导和制约作用，也是施工企业实现生产科学管理的重要手段。

　　单位工程施工组织设计是一个工程的战略部署，是宏观定性的，体现指导性和原则性，是一个将建筑物的蓝图转化为实物的指导组织各种活动的总文件，是对项目施工全过程管理的综合性文件。

　　单位工程施工组织设计的任务，就是根据工程项目总体规划安排和有关的原始资料，结合实际的施工条件，从整个工程项目施工的全局出发，选择合理的施工方案，确定科学合理的各分部分项工程之间的搭接、配合关系，规划符合施工现场情况的平面布置图，以最少的投入在规定的工期内建造出质量好、成本低的建筑产品。

2. 单位工程施工组织设计的作用

　　单位工程施工组织设计的作用主要有以下几个方面。

　　1）贯彻落实施工组织总设计对该单位工程的规划精神。

　　2）编制该工程的施工方案，选择施工方法、施工机械，确定施工顺序，提出实现质量、进度、成本和安全目标的具体措施，为施工项目管理提出技术和组织方面的指导性意见。

　　3）编制施工进度计划，落实施工顺序、搭接关系，以及各分部分项工程的施工时间，实现工期目标，为施工单位编制作业计划提供依据。

　　4）计算各种物资、机械、劳动力的需要量，安排供应计划，从而保证进度计划的实现。

　　5）对单位工程的施工现场进行合理的设计和布置，合理利用空间。

　　6）具体规划作业条件方面的施工准备工作。

7）是施工单位有计划地开展施工、检查和控制工程进展情况的重要文件。

8）是建设单位配合施工、监理单位落实工程款的基本依据。

3.2 单位工程施工组织设计的编制依据和编制内容

1. 单位工程施工组织设计的编制依据

单位工程施工组织设计的编制依据主要有以下几个方面。

1）招标文件或施工合同，包括对工程的造价、进度、质量等方面的要求，双方认可的协作事项和违约责任等。

2）设计文件（如已进行图纸会审的，应有图纸会审记录），包括本工程的全部施工图纸及设计说明，采用的标准图和各类勘察资料等。较复杂的工业建筑、公共建筑及高层建筑等，应了解设备、电器和管道等设计图纸内容，了解设备安装对土建施工的要求。

3）施工组织总设计。当该工程属群体工程的组成部分时，其单位工程施工组织设计必须按照施工组织总设计的各项指标和要求进行编制。

4）工程预算、报价文件及有关定额。要有详细的分部、分项工程量，最好有分层、分段、分部位的工程量及相应的定额。

5）建设单位的要求。建设单位的要求包括开工、竣工时间，对项目质量、建材及其他的一些特殊要求等。

6）建设单位可提供的条件，如现场"三通一平"情况，包括可配备的人力、水电、临时房屋、机械设备和技术状况，以及职工食堂、浴室、宿舍等情况。

7）施工现场条件和地质勘查资料。场地的占用、地形、地貌、水文、地质、气温、气象等资料，以及现场交通运输道路、场地面积及生活设施条件等。

8）本工程的资源配备情况，包括施工中需要的人力情况，材料、预制构件的来源和供应情况，施工机具和设备的配备及其生产能力。

9）有关的国家规定和标准。国家及建设地区现行的有关建设法律、法规、技术标准、质量标准、操作规程、施工验收规范等文件。

10）有关的参考资料及类似工程施工组织设计实例。

2. 单位工程施工组织设计的编制原则

1）做好现场工程技术资料的调查工作。一切工程技术资料是编制单位工程施工组织设计的主要依据。原始资料必须真实，数据要可靠，特别是水文、地质、材料供应、运输及水电供应的资料。每个工程各有不同的难点，组织设计中应着重收集施工难点的资料。有了完整、确切的资料，就可根据实际条件制订方案并从中优选。

2）合理安排施工程序。可将整个工程划分成几个阶段，如施工准备、基础工程、预制工程、主体结构工程、屋面防水工程、装饰工程等。各个施工阶段之间应互相搭接，衔接紧凑，力求缩短工期。

3）采用先进的施工技术和进行合理的施工组织。采用先进的施工技术是提高劳动生产率、保证工程质量、加快施工速度和降低工程成本的主要途径。应组织流水施工，采用网络计划技术安排施工进度。

　　4）土建施工与设备安装应密切配合。某些工业建筑的设备安装工程量较大，为了使整个厂房提前投产，土建施工应为设备安装创造条件，提前设备安装的进场时间。设备安装尽可能与土建搭接，在搭接施工时，应考虑到施工安全和对设备的污染，最好采用分区、分段进行。水电卫生设备的安装，也应与土建交叉配合。

　　5）施工方案应做技术经济比较。对主要工种工程的施工方法和主要机械的选择要进行多方案技术经济比较，选择经济合理、技术先进、切合现场实际的施工方案。

　　6）确保工程质量和施工安全。在单位工程施工组织设计中，必须提出确保工程质量的技术措施和施工安全措施，尤其是新技术和本施工单位较生疏的工艺。

　　7）特殊时期的施工方案。在施工组织中，雨期施工和冬期施工的特殊性应该给予体现，应有具体的应对措施。对于农民工较多的工程，还应考虑农忙时劳动力调配的问题。

　　8）节约费用和降低工程成本。合理布置施工平面图，能减少临时性设施和避免材料二次搬运，并能节约施工用地。安排进度时应尽量发挥建筑机械的工效和一机多用，尽可能利用当地资源，以减少运输费用；正确地选择运输工具，以降低运输成本。

　　9）环境保护的原则。工程施工从某种程度上说就是对自然环境的破坏与改造。环境保护是我们可持续发展的前提。因此，在施工组织设计中应体现出对环境保护的具体措施。

　　3. 单位工程施工组织设计的编制程序

　　单位工程施工组织设计的编制程序是指其编制过程中应遵循的先后顺序和相互制约关系。根据工程的特点和施工条件，单位工程施工组织设计的编制内容繁简不一，编制方法和程序也不尽一致。根据工程实践，较合理的编制程序如图 3-1 所示。

　　4. 单位工程施工组织设计的内容

　　单位工程施工组织设计的内容，根据工程性质、规模、结构特点、技术繁简程度的不同，其内容和深广度要求也不同，但内容必须要具体实用，简明扼要，有针对性，使其真正能起到指导现场施工的作用。

　　施工组织设计的内容是由应回答和解决的问题组成的，无论是单位工程还是群体工程，其基本内容可以概括为以下几方面。

　　（1）工程概况

　　为了对工程有大致的了解，应先对拟建工程的概况及特点进行分析并加以简述，这样做可使编制者对症下药，也让使用者心中有数，同时使审批者对工程有概略的认识。

　　工程概况包括拟建工程的性质与规模、建筑和结构特点、建设条件、施工条件、建设单位及上级的要求等。

　　（2）施工方案

　　施工方案的选择是指施工单位在工程概况及特点分析的基础上，结合自身的人力、材料、机械、资金和可采用的施工方法等生产因素进行相应的优化组合，全面、具体地布置施工任务，再对拟建工程可能采用的几个方案进行技术经济的对比分析，选择最佳方案。其包括安排施工流向和施工顺序，确定施工方法和施工机械，制订保证成本、质量、安全的技术组织措施等。

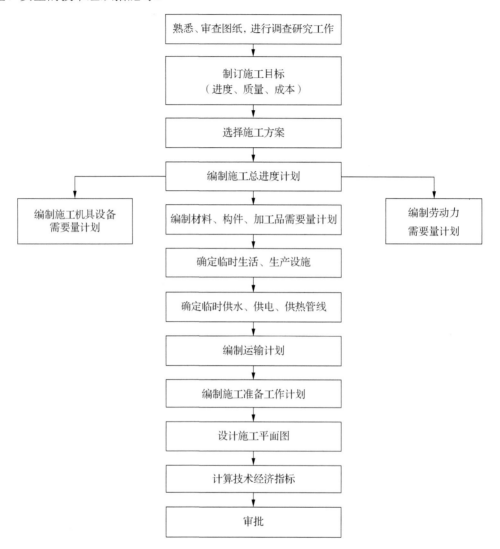

图 3-1　单位工程施工组织设计较合理的编制程序

（3）施工进度计划

施工进度计划是工程进度的依据，它反映了施工方案在时间上的安排。其包括划分施工过程、计算工程量、计算劳动量或机械量、确定工作天数及相应的作业人数或机械台数，以及编制进度计划表及检查与调整等。通常采用横道图或网络计划图作为表现形式。

（4）施工准备工作计划与各种资源需要量计划

施工准备工作计划主要是明确施工前应完成的施工准备工作的内容、起止期限、质量要求等。各种资源需要量计划主要包括资金、劳动力、施工机具、主要材料、半成品的需要量及加工供应计划。

（5）施工平面图

施工平面图是施工方案和施工进度计划在空间上的全面安排，主要包括各种主要材料、构件、半成品堆放安排、施工机具布置、各种必需的临时设施及道路、水电等安排与布置。

（6）主要技术经济指标

主要技术经济指标具有对确定的施工方案、施工进度计划及施工平面图的技术经济效益进行全面评价的作用。主要技术经济指标通常包括施工工期、全员劳动生产率、资源利用系数、机械使用总台班量等。

（7）主要技术组织措施

主要技术组织措施包括各项技术措施、质量措施、安全措施、降低成本措施和现场文明施工措施等。

3.3　工　程　概　况

单位工程施工组织设计中的工程概况，是对拟建工程的工程特点、建设地点特征和施工条件等所做的一个简要的、突出重点的文字介绍。为了弥补文字叙述的不足，一般需要绘制拟建工程的平面图、立面图、剖面简图等，图中主要注明轴线尺寸、总长、总宽、总高及层高等主要建筑尺寸。为了说明主要工程的任务量，一般还应附有主要工程一览表（表 3-1）。

表 3-1　主要工程一览表

序号	分部分项工程名称	工程量	序号	分部分项工程名称	工程量
1			4		
2			5		
3			6		

一般情况下，工程概况主要包括以下几个方面的内容。

（1）工程建设概况

工程建设概况主要说明：拟建工程的建设单位、工程名称、性质、用途和建设的目的；资金来源及工程造价；开工竣工日期；设计单位、施工单位、监理单位；施工图纸情况的说明（是否出齐和是否经过会审）；施工合同是否签订；主管部门的有关文件和要求；组织施工的指导思想等。

（2）建设地点的特征

建设地点的特征主要说明：拟建工程的位置、建筑地点的地形、地貌、工程地质与水文地质条件；地下水位、水质；气温及冬期和雨期施工起止时间；主导风向、风力，抗震设防烈度等。

（3）建筑、结构设计概况

建筑、结构设计概况主要介绍工程设计图纸的情况，特别是设计中是否采用了新结构、新技术、新工艺、新材料等内容，提出施工的重点和难点。

建筑设计概况主要介绍：拟建工程的建筑面积、平面形状和平面组合情况，房屋层数、层高、总高度、总长度、总宽度等尺寸，室内外装饰的构造及做法等情况。

结构设计主要介绍：基础的类型、埋置深度；主体结构的类型，结构布置方案；墙、柱、梁、板等构件的材料及截面尺寸，预制构件的类型及安装位置等。

（4）施工条件

施工条件主要说明水、电、道路及场地的"七通一平"情况，现场临时设施、施工现场及周边环境等情况，当地的交通运输条件，预制构件的生产及供应情况，施工单位机械、设备、劳动力等落实情况，内部承包方式、劳动组织形式及施工管理水平等情况。

（5）工程施工特点分析

工程施工特点分析主要指出单位工程的施工特点和施工中的关键问题，以便于在选择施工方案、组织资源供应、技术力量配备、施工准备等工作中采取有效的措施，突出重点、抓住关键，使施工顺利进行，提高施工单位的经济效益和管理水平。

不同类型的建筑、不同条件下的工程施工，均有不同的施工特点。例如，砖混结构房屋建筑施工的特点是砌筑和抹灰工程量大，水平和垂直运输量大等。现浇钢筋混凝土高层建筑的施工特点主要有：对结构和施工机具设备的稳定性要求高，钢材加工量大，混凝土浇筑难度大，脚手架要进行设计计算，安全问题突出，要有高效率的机械设备等。

3.4 施 工 方 案

施工方案是施工组织设计的核心，直接影响到工程的质量、工期、造价、施工效率等方面，应选择技术上先进、经济上合理且符合施工现场和施工单位实际情况的方案。施工方案主要解决的问题是确定施工程序和顺序、划分流水段、确定施工起点流向、确定主要分部分项工程的施工方法和施工机械。

3.4.1 确定施工程序

施工程序是指单位工程中各分部工程或施工阶段的先后次序及其制约关系，其任务主要是从总体上确定单位工程的主要分部工程的施工顺序。工程施工受到自然条件和物质条件的制约，它在不同施工阶段的不同的工作内容按照其固有的、不可违背的先后次序循序渐进地向前开展，它们之间有着不可分割的联系，既不能相互代替，也不允许颠倒或跨越。

单位工程的施工程序一般为：接受任务阶段—开工前的准备阶段—全面施工阶段—交工验收阶段。每一阶段都必须完成规定的工作内容，并为下一阶段的工作创造条件。考虑时，应注意严格执行开工报告制度：工程开工前必须做好一系列的准备工作，具备开工条件后还应写出开工报告，并由建设单位按照国家有关规定向工程所在地县级以上人民政府建设行政主管部门申请领取施工许可证后方能开工。

申请领取施工许可证，应当具备下列条件。

1）已经办理该建筑工地用地批准手续。

2）在城市规划区的建筑工程，已取得规划许可证。

3）需要拆迁的，其拆迁的进度符合施工要求。

4）已经确定建筑施工企业。

5）有满足施工需要的施工图纸及技术资料。

6）有保证工程质量和安全的具体措施。

7）建设资金已经落实。

8）法律、行政法规规定的其他条件。

1. 确定施工程序的原则

确定施工程序应遵循以下基本原则：先地下、后地上，先深后浅；先主体、后围护；先结构、后装饰；先土建、后设备。

（1）先地下、后地上

先地下、后地上主要是指首先完成管道管线等地下设施、土方工程和基础工程，然后开始地上工程施工。对于地下工程也应按照先深后浅的程序进行，以免造成施工返工或对上部工程的干扰及施工不便，影响质量，造成浪费。

（2）先主体、后围护

先主体、后围护主要是指框架结构，应注意在总的程序上有合理的搭接。一般来说，多层建筑，主体结构与围护结构以少搭接为宜，而高层建筑则应尽量搭接施工，以便节约时间。

（3）先结构、后装饰

先结构、后装饰一般是指先进行主体结构的施工，后进行装饰工程的施工。但是，必须指出，随着新建筑体系的不断涌现和建筑工业化水平的提高，某些装饰与结构构件均可在工厂中完成。

（4）先土建、后设备

先土建、后设备主要是指一般的土建工程与水暖电卫等工程的总体施工顺序，至于设备安装的某一工序要穿插在土建的某一工序之前，应属于施工顺序的问题。工业建筑的土建工程与设备安装工程之间的程序，主要决定于工业建筑的种类，如对于精密仪器厂房，一般要求土建、装饰工程完成后安装工艺设备。重型工业厂房，一般先安装工艺设备，后建设厂房或设备安装与土建施工同时进行，如冶金车间、发电厂的主厂房、水泥厂的主车间等。

但是，由于影响施工的因素很多，故施工程序并不是一成不变的，特别是随着建筑工业化的不断发展，有些施工程序也将发生变化。例如，大板结构房屋中的大板施工，已由工地生产逐渐转向工厂生产，这时结构与装饰可在工厂内同时完成；又如，考虑季节性影响，冬期施工前应尽可能完成土建和围护结构，以利防寒和室内作业的开展。

2. 确定施工程序的基本要求

确定施工程序的基本要求如下。

（1）必须符合施工工艺的要求

由于建筑物的各分部分项工程之间存在着一定的工艺顺序关系，不同结构和构造建筑物的工艺顺序还会发生变化，在确定施工顺序前必须先分析各分部分项工程的施工顺序。例如，整浇楼板的施工顺序：支模板—绑钢筋—浇混凝土—养护—拆模。

（2）必须与施工方法和施工机械的要求一致

现浇钢筋混凝土柱的施工顺序为绑钢筋—支模板—浇混凝土—养护—拆模；而现浇混凝土梁的施工顺序为支模板—绑钢筋—浇混凝土—养护—拆模。

建造装配式钢筋混凝土单层厂房的结构吊装顺序，应当采用分件吊装时的吊装顺序：先吊装全部柱子，再吊装全部吊车梁，最后吊装所有的屋架和屋面板。采用综合吊装法的吊装顺序是，先吊装完一个节间的柱子、吊车梁、屋架和屋面板后，再吊装下一个节间的构件。

（3）必须考虑施工组织的要求

例如，有地下室的高层建筑，其地下室地面工程可以安排在地下室顶板施工前进行，也可安排在地下室顶板施工后进行。从施工组织上看，前者上部空间宽敞，可以利用吊装机械直接将地面施工所用材料直接运到施工位置，施工较方便。而后者地面材料运输和施工就比较困难。

（4）必须考虑施工质量的要求

安排施工顺序时必须以保证和提高施工质量为前提，如采用柔性防水的屋面防水层的施工，必须等找平层干燥以后才能进行，否则将影响防水层与基层的黏结，影响防水质量。

（5）必须考虑当地的气候条件

不同地区的气候特点不同，安排施工过程应考虑到气候特点对工程的影响。例如，土方施工应尽量避免雨季，以免基坑被雨水浸泡或遇到地表水而造成基坑开挖困难；冬季进行室内装饰施工时，应先安装门窗扇和玻璃，再做其他装饰工作。

（6）必须考虑安全施工的要求

在安排立体交叉、平行搭接施工时必须考虑施工安全。例如，水、暖、电、煤、卫的安装不能与构件、钢筋、模板的吊装在同一作业面上，必要时必须采取一定的保护措施。

3. 划分流水段

建筑物按流水理论组织施工，能取得很好的效益。为便于组织流水施工，就必须将大的建筑物划分成几个流水段，使各流水段之间按照一定的程序组织流水施工。

划分流水段时，要考虑的问题如下。

1）尽可能保证结构的整体性，按伸缩缝或后浇带进行划分。厂房可按跨或生产区划分；住宅可按单元、楼层划分，也可按栋分段。

2）使各流水段的工程量大致相等，便于组织节奏流水，使施工均衡地、有节奏地进行，以取得较好的效益。

3）流水段的大小应满足工人工作面的要求和施工机械发挥可能的工作效率。

4）流水段数应与施工过程（工序）数量相适应。如果流水段数少于施工过程数，则无法组织流水施工。

3.4.2 单位工程的施工起点和流向

施工的起点和流向是单位工程在平面或空间上开始施工的部位及其流动方向,这主要取决于生产需要、缩短工期和保证质量等要求。一般来说,对于单层的建筑物,如单层厂房,按其车间、工段或节间,分区分段地确定出平面上的施工流向。对于多层建筑物,除了确定出每层平面上的施工流向外,还要确定其层间或单元空间上的施工流向。例如,多层房屋内墙抹灰施工应采用自上而下,还是自下而上,涉及一系列施工活动的开展和进程,是组织施工的重要一环。

确定单位工程施工的起点和流向时,一般应考虑以下几个因素。

1)施工方法是确定施工流向的关键因素。例如,一栋建筑物的基础部分采用顺作法施工地下两层结构,其施工流程为:测量定位放线—底板施工—换拆第二道支撑—地下两层施工—换拆第一道支撑— ±0.000 顶板施工—上部结构施工。若为了缩短工期采用逆作法,其施工流程为:测量定位放线—进行地下连续墙施工—进行钻孔、灌注桩施工— ±0.000 标高结构层施工—地下两层结构施工,同时进行地上一层结构施工—底板施工并做各层柱,完成地下室施工—完成上部结构。

又如:在结构吊装工程中,采用分件吊装法时,其施工流向不同于综合吊装法的施工流向;同样,设计人员的要求不同,也会使其施工的流向不同。

2)车间的生产工艺过程往往是确定施工流向的基本因素。从工艺上考虑,要先试生产的工段先施工;或生产工艺上要影响其他工段试车投产的工段则应当先施工。

3)根据建设单位的要求,生产或使用上要求急的工段或部位先施工。对于高层民用建筑,如饭店、宾馆等,可以在主体结构施工到一定层数后,即进行地面上若干层的设备安装与室内外装饰。

4)单位工程各分部分项施工的繁简程度。一般来说,技术复杂、施工进度较慢、工期长的工段或部位,应先施工。例如,高层建筑,应先施工主楼,裙楼部分后施工。

5)当有高低层或高低跨并列时,柱的吊装应先从并列处开始;当柱基、设备基础有深浅时,一般应按先深后浅的施工方向。屋面防水层的施工,当有高低层(跨)时,应按先高后低的方向施工;一个屋面的防水层,则由檐口到屋脊方向施工。

6)施工场地的大小、道路布置和施工方案中采用的施工机械也是确定施工流向的重要因素。根据工程条件,选用施工机械(挖土机械和吊装机械),这些机械开行路线或布置位置便决定了基础挖土及结构吊装的施工起点和流向。例如,土方工程,在边开挖边将余土外运时,施工流向起点应确定在离道路远的部位开始,并应按由远及近的方向进行。

7)划分施工层、施工段的部位,如伸缩缝、沉降缝、施工缝等也可决定施工起点和流向。

8)多层砖混结构工程主体结构施工的起点和流向,必须从下而上,平面上从哪边先开始都可以。对装饰抹灰来说,外装饰要求从上而下,内装饰可以采用从下而上、从上而下两种流向。施工工期要求如果很急且工期短,则内装饰宜从下而上地进行施工。

3.4.3　常见结构的施工顺序

1. 多层混合结构居住房屋的施工顺序

多层混合结构居住房屋的施工，一般可分为基础工程、主体结构工程、屋面工程及装饰工程四个施工阶段。

（1）基础工程的施工顺序

基础工程是指室内地坪（±0.00）以下的所有工程，它的施工顺序一般为：挖基坑（槽）—铺垫层—基础施工—回填土。如有地下室，则施工过程和施工顺序一般为：挖基坑（槽）—作垫层—地下室底板—地下室墙、柱结构—地下室顶板—防水层及保护层—回填土。但由于地下室结构、构造不同，施工内容和顺序也有所不同，有些内容可能存在配合和交叉。有桩基础时应在基坑开挖前完成桩身施工。

挖土和垫层之间，这两道工序在施工安排上应尽可能地紧凑，时间间隔不宜过长，以避免基槽（坑）开挖后，因垫层未能及时施工，使地基积水浸泡或暴晒，从而使地基承载力降低，造成工程质量事故或引起工程量、劳动量、机械等资源的增加。垫层混凝土施工后应有一定的养护时间，才能进行下一道工序的施工，同时也为施工放线提供作业面。在实际施工中，若由于技术或组织上的原因不能立即验槽作垫层或基础，则在开挖时可留 20～30cm 至设计标高，以保护地基土，在下道工序施工前再挖去预留土层。

各种管沟的挖土，管道铺设应尽可能与基础施工配合，平行搭接施工。基础施工时应注意预留孔洞。

回填土一般应在基础工程完工后一次性分层夯实，以免基础受到浸泡，并为下一道工序施工创造条件，如为搭外脚手架及底层墙体砌筑创造较平整的工作面。±0.000 以下标高室内回填土，最好与基槽回填土同时进行。当回填土工程量较大且工期较紧时，可将回填土分段施工并与主体结构搭接进行，室内回填土也可安排在室内装饰施工前进行。

（2）主体结构工程的施工顺序

主体结构施工阶段的工作内容较多，若主体结构的楼板、圈梁、楼梯、构造柱等为现浇时，其施工顺序一般可归纳为：立构造柱钢筋—砌墙—支构造柱模—浇构造柱混凝土—支梁、板、梯模—绑扎梁、板、梯钢筋—浇梁、板、梯混凝土；若楼板为预制构件时，则施工顺序一般为：立构造柱筋—砌墙—支柱模—浇柱混凝土—圈梁施工—吊装楼板—灌缝（隔层）。

在主体施工阶段，应当重视楼梯间、厨房、厕所、盥洗室的施工。楼梯间是楼层之间的交通要道，厨房、盥洗室的工序多于其他房间，而且面积较小，如施工期间不紧密配合，及时为后续工序创造工作面，将影响施工进度，拖长工期。在主体结构工程施工阶段，砌墙与现浇楼板（或铺板）是主导施工过程，要注意这两者在流水施工中的连续性，避免不必要的窝工现象发生。在组织砌墙工程流水施工时，不仅要在平面上划分施工段，而且在垂直方向上要划分施工层，按一个可砌高度为一个施工层，每完成一个施工段的一个施工层的砌筑，再转到下一个施工段砌筑同一施工层，就是按水平流向在同一施工层逐段流水作业。也可以在同一结构层内，由下向上依次完成各砌筑施工层后再流入下一施工段，这就是在一个结构层内采用垂直向上的流水方向的砌墙组织方法。还可以在同一结构层内各施工段间，采用对角线流向的阶段式的砌墙组织方法。砌墙组织的流水方向不同，安装楼板投入施工的时间间隔也不同。设计时，可根据可能条件，分析不同流向的砌墙组织后确定。

（3）屋面工程的施工顺序

屋面及装饰工程施工阶段的施工特点是施工内容多、繁、杂，工程量大小差别较大，手工操作多，劳动消耗大，工期较长。因此，为了加快施工进度，必须合理安排屋面及装饰工程的施工顺序，组织立体交叉作业。

屋面工程分卷材防水屋面和刚性防水屋面两种。一般不划分施工段，它可以和装饰工程搭接或平行进行，应根据屋面设计构造层次逐层采用顺序施工的方式组织施工。卷材防水屋面一般的施工顺序为：找平层—隔气层—保温层—找平层—卷材防水层—保护层；刚性防水屋面的施工顺序为：找平层—隔气层—保温层—找平层—刚性防水层。细石混凝土刚性防水层及分隔缝的施工应在主体结构完成后尽快完成，为顺利进行室内装饰提供条件。

（4）装饰工程的施工顺序

装饰工程的施工可分为室外装饰和室内装饰两个方面。室外装饰主要包括檐沟、女儿墙、外墙面、勒脚、散水、台阶、明沟、水落管等。室内装饰主要包括顶棚、墙面、楼面、地面、踢脚线、楼梯、门窗、五金、油漆及玻璃等。其中，内、外墙及楼、地面的饰面是整个装饰过程的主导过程。室内、室外装饰工程的施工顺序可分为先内后外、先外后内及内外同时的三种顺序，具体选用应该根据施工条件和气候条件等确定。通常室外装饰应避开冬季和雨季。

1）室外装饰工程的施工顺序。室外装饰工程一般采用自上而下的施工顺序，其施工流向一般采用水平向下。采用这种顺序的优点是使房屋在主体结构完成后，有足够的沉降和收缩期，从而保证装饰质量，同时便于脚手架拆除。室外装饰的施工顺序一般为外墙面抹灰（饰面）—勒脚—散水—台阶—明沟。抹灰的同时安装水落管。室外装饰施工的同时，应随进度同时拆除外脚手架。

2）室内装饰工程的施工顺序。室内装饰的施工顺序有自上而下和自下而上两种。自上而下的施工顺序是指主体及屋面防水完工后，室内抹灰从顶层逐层向下进行。它的施工流向又分为水平向下和垂直向下，通常采用水平向下的施工流向。自上而下的施工顺序的优点不会因上层施工产生楼板渗漏而影响下层装饰质量，可以避免各工种操作互相交叉，便于组织施工，有利于安全生产，也便于楼层清理。其缺点是不能与主体及屋面搭接施工，工期较长。

室内装饰自下而上的施工顺序是指主体结构施工到三层以上时（有两层楼板，以保证施工安全），室内抹灰从底层开始逐层向上进行，其施工流向可分为水平向上和垂直向上两种，一般采用水平向上的施工流向。为防止雨水和施工用水从上层楼板渗漏而影响装饰质量，应先做好上层楼板的面层，再进行本层顶棚、墙面、楼地面等饰面。它的优点是可以与主体工程平行搭接施工，从而缩短工期。但其缺点也很多，如同时施工的工序多、人员多、交叉作业多，不利于施工安全，材料供应集中，施工机具负担重，也不利于成品保护，现场组织和管理比较复杂。因此，只有当工期紧迫时，才考虑采取此种施工顺序。

同一层的室内抹灰的施工顺序有两种：一种是地面—顶棚—墙面；另一种是顶棚—墙面—地面。前一种施工顺序的特点是地面质量容易保证，便于收集落地灰，节省材料，但地面需要养护时间和采取保护措施，影响工期。后一种施工顺序的特点是墙面与地面抹灰不需养护时间，工期可以缩短。但落地灰不易收集，地面质量不易保证，容易产生地面起壳。

其他室内装饰工程通常采用的施工顺序：底层地面一般在各层顶棚、墙面和楼地面做好后进行；楼梯间和楼梯抹面通常在房间、走廊等抹灰全部完成后，自上而下进行，以免施工期间使其损坏；门窗扇的安装一般在抹灰之前或抹灰之后进行，视气候和施工条件而定，若室内装饰是在冬期施工，为防止抹灰冻结和加速干燥，门窗扇和玻璃应在抹灰之前安装好。为防止油漆弄脏玻璃，应采用先油漆后安装玻璃的顺序。

在装饰工程施工阶段，还应考虑室内装饰和室外装饰的先后顺序。室内装饰渗漏水可能对外装饰产生污染时，应先进行内装饰；当采用单排脚手架砌墙时，由于有脚手眼需要填补，应先做室内装饰；当装饰工人较少时，则不宜采用内外同时施工的施工顺序。一般来说，先外后内的施工顺序比较有利。

（5）水、暖、电、卫等工程的施工安排

由于水、暖、电、卫等工程不是分为几个阶段进行单独施工，而是与土建工程进行交叉施工的，所以必须与土建施工密切配合，尤其是要事先做好预埋管线工作。

在基础工程施工前，先将相应的管道沟的垫层、地沟墙做好，然后回填土。在主体结构施工时，应在砌砖墙和现浇钢筋混凝土楼板的同时，预留上下水管和暖气立管的孔洞、电线孔槽，此外还应预埋木砖和其他预埋料。在装饰工程施工前，应安设相应的下水管道、暖气立管、电气照明用的附墙暗管、接线盒等，但明线应在室内装饰完成后安装。

2. 多、高层全现浇钢筋混凝土框架结构建筑的施工顺序

多、高层全现浇钢筋混凝土框架结构建筑的施工顺序，一般可分为 ±0.00 以下基础工程、主体结构工程、屋面工程和围护工程、装饰工程四个施工阶段。

（1）地下工程的施工顺序

多、高层全现浇钢筋混凝土框架结构建筑的地下工程（±0.000 以下的工程）一般可分为有地下室和无地下室两种基础工程。

若有一层地下室且又建在软土地基层上时，其施工顺序为：桩基施工（包括围护桩）—土方开挖—破桩头及铺垫层—做基础地下室底板—做地下室墙、柱—做地下室顶板—外防水处理—回填土。

若无地下室且也建在软土地基上时，其施工顺序是，桩基施工—挖土—铺垫层—钢筋混凝土基础施工—回填土。

若无地下室且建在承载力较好的地基上，其施工顺序一般是，挖土—垫层—钢筋混凝土基础施工—回填土。与多层混合结构房屋类似，在基础工程施工前要处理好洞穴、软弱地基等问题，要加强垫层、基础混凝土的养护，及时进行拆模，以尽早回填土，为上部结构施工创造条件。

（2）主体结构工程的施工顺序

主体结构的施工主要包括柱、梁（主梁、次梁）、楼板的施工。由于柱、梁、板的施工工程量很大，所需的材料、劳力很多，而且对工程质量和工期起决定性作用，故需采用多层框架在竖向上分层、在平面上分段的流水施工方法。按楼层混凝土浇筑的方式不同，可分为整体浇筑和分别浇筑两种方式。若采用整体浇筑，其施工顺序为：绑扎柱钢筋—支柱、梁、板模—绑扎梁、板钢筋—浇柱、梁、板混凝土；若采用分别浇筑，其施工顺序为：绑扎柱钢筋—支柱模—浇柱混凝土—支梁、板模—绑扎梁、板钢筋—浇梁、板混凝土。

特别提示

这里应注意的是在梁、板钢筋绑扎完毕后，应认真进行检查验收，然后才能进行混凝土的浇筑工作。

（3）屋面工程和围护工程的施工顺序

1）屋面工程的施工顺序与混合结构居住房屋屋面工程的施工顺序相同。

2）围护工程的施工包括墙体工程、门窗框安装和屋面工程。墙体工程包括砌筑用脚手架的搭拆，内、外墙砌筑等分项工程。不同的分项工程之间可组织平行、搭接、立体交叉流水施工。屋面工程和墙体工程应密切配合，如在主体结构工程结束之后，先进行屋面保温层、找平层施工，外墙砌筑到顶后，再进行屋面防水层的施工。脚手架应配合砌筑工程搭设，在室外装饰之后、做散水坡之前拆除。内墙的砌筑则应根据内墙的基础形式而定，有的需在地面工程完成后进行，有的则可在地面工程之前与外墙同时进行。

（4）装饰工程的施工顺序

装饰工程的施工分为室内装饰和室外装饰。室内装饰包括天棚、墙面、楼地面、楼梯等抹灰，门窗扇安装，门窗油漆，玻璃安装等；室外装饰包括外墙抹灰、勒脚、散水、台阶、明沟等施工。其施工顺序与混合结构居住房屋的施工顺序基本相同。

3. 装配式钢筋混凝土单层工业厂房的施工顺序

单层工业厂房由于生产工艺的需要，无论在厂房类型、建筑平面、造型或结构构造上都与民用建筑有很大的差别。单层工业厂房具有设备基础和各种管网，因此施工要比民用建筑复杂。单层装配式厂房的施工一般可分为基础工程、预制工程、结构安装工程、围护工程和屋面及装饰工程五个阶段。有的单层工业厂房面积、规模较大，生产工艺要求复杂，厂房按生产工艺分工段划分多跨。这种工业厂房的施工顺序的确定，不仅要考虑土建施工及组织的要求，还要研究生产工艺的要求。一般先安装先生产的工段先施工，以便先交付使用，尽早发挥投资的经济效益，这是施工要遵循的基本原则之一。所以规模大、生产工艺复杂的工业厂房建筑施工，要分期分批进行，分期分批交付试生产，这是确定其施工顺序的总要求。下面介绍中、小型工业厂房的施工内容及施工顺序。

（1）基础工程的施工顺序

单层工业厂房的柱基础一般是现浇钢筋混凝土杯形基础，宜采用平面流水施工，施工顺序与现浇钢筋混凝土框架结构的独立基础施工顺序相同。

单层工业厂房不但有柱基础，一般还有设备基础。如果厂房基础设备较多，就必须对设备基础和设备安装的施工顺序进行分析研究，根据建设工期确定合理的施工顺序。如果设备基础埋置不深、柱基础的埋置深度大于设备基础的埋置深度，宜采取厂房柱基础先施工，待主体结构施工完毕后，再进行设备基础施工的"封闭式"施工顺序。反之，如果基础设备埋置较深，大于柱基础，可采用"敞开式"施工顺序，即先进行设备基础施工和柱基础施工，后进行厂房吊装。若基础设备和柱基础相差不大，则两者可同时进行施工。通常，这个阶段的施工顺序是：挖土—铺垫层—杯形基础和设备基础（绑扎钢筋—支模板—浇混凝土）—养护—拆模板—回填土。柱基施工从基坑开挖到柱基回填土应分段进行流水施工，与现场预制工程、结构吊装工程相结合。

（2）预制工程的施工顺序

单层工业厂房预制构件较多，哪些构件在现场预制，哪些构件在预制厂加工，应根据具体条件做技术经济分析比较。一般来说，对质量较大、运输不便的大型构件，可在现场拟建车间内部就地预制，如柱、托架梁、屋架及吊车梁等。中、小型构件可在加工厂预制，如大型屋面板等标准构件。种类及规格繁多的异形构件，可在现场拟建车间外部集中预制，如门窗过梁等构件。

非预应力钢筋混凝土构件预制工程的施工顺序是：场地平整—支模板—绑扎钢筋—埋设预埋件—浇混凝土—养护—拆模板。预应力钢筋混凝土构件预制工程的施工顺序有两种：一种是先张法，一种是后张法。其施工顺序见预应力混凝土工程。

目前一般采用后张法施工，其施工顺序是：场地平整—支模板—绑扎钢筋（有时先绑扎钢筋后支模板）—预留孔道—浇混凝土—养护—拆模板—张拉预应力钢筋—锚固—灌浆。

预制构件的施工顺序与结构吊装方案有关，若采用分件安装时有以下三种方案。

1）场地狭小、工期又允许时，构件制作可分别进行。先预制柱和吊车梁，待柱和梁安装完毕后再进行屋架预制。

2）场地宽敞时，可柱、梁制完后即进行屋架预制。

3）场地狭小、工期又紧时，可将柱和梁等构件在拟建车间内就地预制，同时在外部进行屋架预制。

若采用综合安装法，需要在中装前将构件全部制作完成，根据场地具体情况，确定是全部在厂房内就地预制，还是分一部分在厂房外预制。

（3）吊装工程的施工顺序

结构吊装工程是单层工业厂房施工中的主导工程，其施工内容有柱、吊车梁、连系梁、地基梁、托架、屋架、天窗架、大型屋面板等构件的吊装、校正和固定。吊装前的准备工作包括检查混凝土构件强度、杯底抄平、柱基杯口弹线、吊装验算和加固及起重机械安装等。

吊装的顺序取决于安装的方法。若采用分件吊装法时，其吊装顺序一般是：第一次开行安装全部柱子，随后对柱校正与固定；待柱与柱基杯口接头混凝土强度达到设计强度等级的70%后，第二次开行吊装吊车梁、托架与连系梁；第三次开行吊装屋盖构件。有时也可将第二、三次开行合并。若采用综合吊装法时，其吊装顺序一般是：先安装第一节间的四根柱，迅速校正并临时固定，再安装吊车梁及屋盖等构件，依次逐间安装，直至整个厂房安装完毕。

结构吊装流向通常与预制构件制作流向一致。如果车间为多跨或有高低跨时，结构吊装流向应从高低跨并列处开始，以满足其施工工艺的要求。抗风柱的吊装顺序一般有两种方法：一种是吊装柱的同时先安装该跨一端的抗风柱，另一端则于屋盖安装完毕后进行；另一种是全部抗风柱的安装均待屋盖安装完毕后进行。

（4）围护工程的施工顺序

围护工程阶段的施工包括内外墙体砌筑、搭脚手架、安装门窗框和屋面工程等。在厂房结构安装工程结束后，或安装完一部分区段后，即可开始内外墙砌筑工程的分段施工。此时，不同的分项工程之间可组织立体交叉平行流水施工，砌筑完成后，即开始屋面施工。

脚手架应配合砌筑和屋面工程搭设，在室外装饰之后、散水坡施工前拆除。内隔墙的砌筑应根据内隔墙的基础形式而定，有的需在地面工程完工后进行，有的则可在地面工程之前与外墙同时进行。

屋面工程的施工顺序与混合结构居住房屋的屋面施工顺序相同。

（5）装饰工程的施工顺序

装饰工程的施工分为室内装饰（地面的整平、垫层、面层、门窗扇安装、玻璃安装、油漆、刷白等）和室外装饰（勾缝、抹灰、勒脚、散水坡等）。

一般单层厂房的装饰工程与其他施工过程穿插进行。地面工程应在设备基础、墙体工程完成了一部分并转入地下的管道及电缆或管道沟完成之后随即进行，或视具体情况穿插进行。钢门窗安装一般与砌筑工程穿插进行，或在砌筑工程完成后进行，视具体条件而定。门窗油漆可在内墙刷白后进行，也可与设备安装同时进行，刷白应在墙面干燥和大型屋面板灌缝后进行，并在开始油漆前结束。

（6）水、暖、电、卫等工程的施工顺序

水、暖、电、卫等工程与混合结构居住房屋水、暖、电、卫等工程的施工顺序基本相同，但应注意空调设备安装工程的安排。生产设备的安装，一般由专业公司承担，由于其专业性强、技术要求高，应遵照有关专业的生产顺序。

3.4.4　选择施工方法及施工机械

选择施工方法及施工机械是施工方案中的关键问题，直接影响施工进度、质量和安全及工程成本。我们必须根据建筑结构的特点、工程量的大小、工期长短、资源供应情况、施工现场情况和周围环境等因素，制定出几个可行的方案，在此基础上进行技术经济分析比较，确定最优的施工方案。

1.选择施工方法

在单位工程施工组织设计中，主要项目的施工方法是根据工程特点在具体施工条件下拟定的，其内容要求简明扼要。在描述施工方法时，应选择比较重要的分部分项工程，施工技术复杂或采用新技术、新工艺的项目，以及工人在操作上还不够熟练的项目，对这些部分应拟定详细而具体的施工方法，有时还必须单独编制施工组织设计。凡按常规做法和工人操作熟练的项目，不必详细拟定施工方法，只要提出这些项目在本工程上的一些特殊的要求即可。

选择施工方法的基本要求如下。

1）应考虑主导施工过程的要求。在选择施工方法时，应从施工全局出发，着重考虑影响整个工程施工的几个主导施工过程的施工方法，而对于按照常规做法和工人熟悉的施工过程，只需提出应注意的特殊问题，不必详细拟订施工方法。主导施工过程一般指以下几类施工过程：①工程量大、施工所占工期长、部位较重要的施工过程，如砌筑工程；②施工技术复杂或采用新技术、新工艺、新材料，对工程质量起关键作用的施工过程，如玻璃幕墙的施工；③特殊结构或不熟悉、缺乏施工经验的施工过程，如干挂花岗岩墙面的施工。

2）应满足施工技术的要求。例如，模板的类型和支模的方法，应满足模板设计及施工技术的要求；如工具式钢模板，当采用滑模施工时，应满足模板设计要求。

3）应符合提高工厂化、机械化程度的要求。可以在预制构件厂制作的构配件，应最大限度实现工厂化生产，减少现场作业。同时，为了提高机械化施工程度，还要充分发挥机械利用效率，减少工人的劳动强度。

4）应符合先进、合理、可行、经济的要求。在选择施工方法时，不仅要满足先进、合理的要求，还要针对施工企业的各方面条件，看是否可行，并且要进行多方案比较、分析，选择较经济的施工方法。

5）应满足质量、工期、成本和安全等方面的要求。通过考虑施工单位的施工技术水平和实际情况，选择能满足提高质量、缩短工期、降低成本和保证安全等要求的施工方法。

选择施工方法通常应着重考虑的内容如下。

（1）基础工程

挖基槽（坑）土方是基础施工的主要施工过程之一，其施工方法包括下述若干问题需研究确定。

1）挖土方法的确定。采用人工挖土还是机械挖土。如采用机械挖土，则应选择挖土机的型号、数量，机械开挖的方向与路线，机械开挖时，人工如何配合修整槽（坑）底坡。

2）挖土顺序。根据基础施工流向及基础挖土中基底标高确定挖土顺序。

3）挖土技术措施。根据基础平面尺寸及深度、土壤类别等条件，确定基坑单个挖土还是按柱列轴线连通大开挖；是否留工作面及确定放坡系数；如基础尺寸不大也不深时，也可考虑按垫层平面尺寸直壁开挖，以便减少土方量、节约垫层支模；如可能出现地下水，应如何采取排水或降低地下水的技术措施；排除地面水的方法，以及沟渠、集水井的布置和所需设备；冬期与雨期的有关技术与组织措施等。

4）运、填、夯实机械的型号和数量。在基础工程中的挖土、垫层、绑扎钢筋、支模、浇筑混凝土、养护、拆模、回填土等工序应采用流水作业连续施工。也就是说，基础工程施工方法的选择，除了技术方法外，还必须对组织方法即对施工段的划分做出合理的选择。

（2）混凝土和钢筋混凝土工程

混凝土和钢筋混凝土工程应着重于模板工程的工具化和钢筋、混凝土施工的机械化。

1）模板的类型和支模方法。根据不同的结构类型、现场条件确定现浇和预制用的各种模板（如工具式钢模、木模、翻转模板、土胎模等）、各种支撑方法（如钢、木立柱、桁架等）和各种施工方法（如分节脱模、重叠支模、滑模、压模等），并分别列出采用的项目、部位和数量，明确加工制作的分工和隔离剂的选用。

2）钢筋加工、运输和安装方法。明确在加工厂或现场加工的范围（如成形程度是加工成单根、网片或骨架），除锈、调直、切断、弯曲、成形方法，钢筋冷拉方法、焊接方法（如电弧焊、对焊、点焊、气压焊等）及运输和安装方法，从而提出加工申请计划和机具设备需用量计划。

3）混凝土搅拌和运输方法。确定混凝土是集中搅拌还是分散搅拌，其砂石筛洗、计量和后台上料的方法，混凝土的运输方法；选用搅拌机的型号，以及所需的掺和料、附加剂的品种数量，提出所需材料机具设备数量。确定混凝土的浇筑顺序、施工缝位置、分层高度、工作班制、振捣方法和养护制度等。

（3）预制工程

装配式单层工业厂房的柱子和屋架等大型在现场预制的构件，应根据厂房的平面尺寸、柱与屋架数量及其尺寸、吊装路线及选用的起重吊装机械的型号、吊装方法等因素，确定柱与屋架现场预制平面布置图。构件现场预制的平面布置应按照吊装工程的布置原则进行，并在图上标出上下层叠浇时屋架与柱的编号，这与构件的翻转、就位次序与方式有密切的关系。在预应力屋架布置时，应考虑预应力筋孔的留设方法，采取钢管抽芯法时拔出预留孔钢管及穿预应力筋所需的空间。

（4）结构吊装工程

吊装机械的选择应根据建筑物的外形尺寸，所吊装构件的外形尺寸、位置及质量，工程量与工期，现场条件，吊装工地拥挤的程度与吊装机械通向建筑工地的可能性，工地上可能获得的吊装机械类型等条件，与吊装机械的参数和技术特性加以比较，选出最适当的机械类型和所需的数量。确定吊装方法（分件吊装法、综合吊装法），安排吊装顺序、机械位置和行驶路线及构件拼装方法与场地，构件的运输、装卸、堆放方法，以及所需机具设备（如平板拖车、载重汽车、卷扬机及架子车等）的型号、数量和对运输道路的要求。吊装工程的准备，提出杯底找平、杯口面弹出中心轴线、柱子就位、弹出柱面中心线等；起重机行走路线压实加固；各种吊具、临时加固、电焊机等要求及吊装有关的技术措施。

（5）砌砖工程

砌砖工程主要是确定现场垂直、水平运输方式和脚手架类型。在砖混结构建筑中，还应就砌砖与吊装楼板如何组织流水作业施工，以及砌砖与搭架子的配合做出安排。选择垂直运输方式时，应结合吊装机械的选择并充分利用构件吊装机械作一部分材料的运输。当吊装机械不能满足运输量的要求时，一般可采用井架、门架等垂直运输设施，并确定其型号及数量、设置的位置。选择水平运输方式时，应确定各种运输车（手推车、机动小翻斗车、架子车、构件安装小车等）的型号与数量。为了提高运输效率，还应确定与上述配套使用的专用工具设备，如砖笼、混凝土及砂浆料斗等，并综合安排各种运输设施的任务和服务范围，如划分运送砖、砌块、构件、砂浆、混凝土的时间和工作班次，做到合理分工。

（6）装饰工程

确定抹灰工程的施工方法和要求，根据抹灰工程机械化施工方法，提出所需的机具设备（如灰浆的制备、喷灰机械、地面抹光及磨光机械等）的型号和数量。确定工艺流程和施工组织，组织流水施工。

2. 选择施工机械

选择施工方法必须涉及施工机械的选择问题。机械化施工是改变建筑工业生产落后面貌、实现建筑工业化的基础。因此，施工机械的选择是施工方法选择的中心环节。选择施工机械时应着重考虑以下几方面。

1）选择施工机械时，应首先根据工程特点，选择适宜主导工程的施工机械。例如，在选择装配式单层工业厂房结构安装用的起重机类型时，当工程量较大且集中时，可以采用生产效率较高的塔式起重机；但当工程量较小或工程量虽大却相当分散时，则采用无轨自行式起重机较为经济。在选择起重机型号时，应使起重机在起重臂外伸长一定的条件下，能适应其质量及安装高度的要求。

2）各种辅助机械或运输工具应与主导机械的生产能力协调配套，以充分发挥主导机械的效率。例如，在土方工程施工中采用汽车运土时，汽车的载重量应为挖土机斗容量的整数倍，汽车的数量应保证挖土机的连续工作。

3）在同一工地上，应力求建筑机械的种类和型号尽可能少一些，以利于机械管理。因此，工程量大且分散时，宜采用多用途机械施工，如挖土机既可用于挖土，又能用于装卸、起重和打桩。

4）施工机械的选择还应考虑充分发挥施工单位现有机械的能力。当本单位的机械能力不能满足工程需要时，则应购置或租赁所需的新型机械或多用途机械。

特别提示

要综合考虑使用机械的各项费用（如运输费、折旧费、租赁费、对工期的延误而造成的损失等）后，进行成本的分析和比较，从而决定是选择租赁机械还是采用本单位的机械，有时采用租赁机械的成本更低。

3.4.5 制订技术组织措施

技术组织措施是指在技术和组织方面为保证工程质量、保证施工进度、降低工程成本和文明安全施工而制订的一套管理方法，主要包括技术、质量、安全施工、降低成本和现场文明施工等措施。

1. 技术措施

对新材料、新结构、新工艺、新技术的应用，对高耸、大跨度、重型构件及深基础、设备基础、水下和软弱地基项目，均应编制相应的技术措施，其内容如下。

1）需要表明的平面、剖面示意图及工程量一览表。

2）施工方法的特殊要求和工艺流程。

3）水下及冬期和雨期施工措施。

4）技术要求和质量安全注意事项。

5）材料、构件和机具的特点、使用方法及需用量。

2. 质量措施

保证质量措施，可从以下几方面来考虑。

1）确保定位放线、标高测量等准确无误的措施。

2）确保地基承载力及各种基础、地下结构施工质量的措施。

3）确保主体结构中关键部位施工质量的措施。

4）确保屋面、装饰工程施工质量的措施。

5）保证质量的组织措施，如人员培训、编制工艺卡及质量检查验收制度等。

3. 安全施工措施

保证安全施工的措施，可从以下几方面来考虑。

1）保证土石方边坡稳定的措施。

2）脚手架、吊篮、安全网的设置及各类洞口、临边防止人员坠落的措施。

3）外用电梯、井架及塔吊等垂直运输机具拉结要求和防倒塌的措施。

4）安全用电和机电设备防短路、防触电的措施。

5）易燃、易爆、有毒作业场所的防火、防爆、防毒措施。

6）季节性安全措施，如雨期的防洪、防雨，夏期的防暑降温，冬期的防滑、防火等措施。

7）现场周围通行道路及居民的保护隔离措施。

8）保证安全施工的组织措施，如安全宣传、教育及检查制度等。

4. 降低成本措施

应根据工程情况，按分部分项工程逐项提出相应的节约措施，计算有关技术经济指标，分别列出节约工料数量与金额数字，以便衡量降低成本效果。其内容包括以下几个方面。

1）合理进行土方平衡，以节约土方运输及人工费用。

2）综合利用吊装机械，减少吊次，以节约台班费。

3）提高模板精度，采用整装整拆，加速模板周转，以节约木材或钢材。

4）混凝土、砂浆中掺外加剂或掺和料（如粉煤灰、硼泥等），以节约水泥。

5）采用先进的钢筋焊接技术（如气压焊）以节约钢筋。

6）构件及半成品采用预制拼装、整体安装的方法，以节约人工费、机械费等。

5. 现场文明施工措施

文明施工或场容管理一般包括以下内容。

1）施工现场围栏与标牌设置，出入口交通安全，道路畅通，场地平整，安全与消防设施齐全。

2）临时设施的规划与搭设，办公室、宿舍、更衣室、食堂、厕所的安排与环境卫生。

3）各种材料、半成品、构件的堆放与管理。

4）散碎材料、施工垃圾的运输及防止各种环境污染。

5）成品保护及施工机械保养。

3.4.6　施工方案的技术经济评价

在拟定单位工程的施工方案时，根据其工程特点、施工条件等具体情况，各主要分部分项工程都可以采用多种不同的施工方法、施工机械、施工组织来完成，而采用不同的施工方案就会得到不同的经济效益，即各方案在技术经济上各有其优缺点。因此，需要对拟定的施工方案从技术经济角度进行比较、分析和评价，以使所选择的最终施工方案满足工程的施工要求。即：技术上是先进的，经济上是合理而有效的，所需机械设备是可能取得的，在投资费用和成本上是经济的。

1. 施工方案的技术经济评价的意义和作用

施工方案的技术经济分析是编制施工方案的重要环节和内容之一。进行施工方案的技术经济评价的意义和作用如下。

1）为选择合理的施工方案提供依据。

2）通过分析和评价，事先计算出施工方案的经济效益，并确定不同施工方案合理的使用范围。

3）对"四新"技术（指新技术、新材料、新设备、新工艺）进行评价和分析，促进其推广和应用。

4）通过对施工方案的技术经济分析，不断提高建筑企业的技术、组织、管理水平。

5）为施工企业项目管理创造条件，即施工方案切实可行，满足实现项目施工目标的要求，确保质量和安全。

2. 施工方案的技术经济分析

施工方案的技术经济分析有定性分析和定量分析两种。

（1）定性分析

定性分析主要是结合过去实际施工经验对施工方案的一般优缺点进行分析和比较，通常主要从以下几个方面考虑。

1）施工操作上的难易程度和安全可靠性。

2）为后续工序提供有利施工条件的可能性。

　　3）利用现有的施工机械设备情况。

　　4）施工组织及措施是否合理、可行、经济。

　　5）能否为现场文明施工创造有利的条件等。

　　（2）定量分析

　　定量分析是对施工方案的下述主要技术经济指标进行计算，然后进行分析、比较、评价，从而确定方案的优劣。

　　1）工期指标。单位工程的施工工期是指从破土动工到工程竣工的全部日历天数，不扣除施工过程中的节假日，以及由于各种原因而停工的天数。当上级规定（或业主方要求）必须在短期内投入生产或使用时，选择方案就要在确保工程质量和安全施工的条件下，把缩短工期放在首位来考虑。分析时，将两个方案所需施工工期进行比较，以确定方案的工期长短，并与国家定额工期进行比较。

　　2）劳动消耗量指标。它反映了施工的机械化程度与劳动生产率水平。在方案中劳动消耗量越少，机械化程度和劳动生产率越高，其反映了重体力劳动的减轻和人力的节省，劳动消耗量指标以工日计算，即在整个工程施工中所耗用的总工日数，可把各分部分项工程所用工日数相加求得，并与施工定额或企业内部定额相比较。

　　① 施工机械化程度：在选择施工方案时，应尽量把机械化施工程度的高低作为衡量施工方案优劣的指标之一。

$$机械化程度=(机械完成的实物量/全部实物量)×100\% \qquad (3\text{-}1)$$

　　② 劳动生产率：劳动生产率是指人们在生产过程中的劳动效率或是劳动者消耗一定劳动时间所创造出一定数量产品的能力。反映劳动生产率的指标分为价值指标和实物指标两种形式。

　　a. 劳动生产率的价值指标：一般用全员劳动生产率表示，也可以按建安工人劳动生产率表示。全员劳动生产率是反映企业或工区全体职工生产全部建筑产品的劳动效率指标，其计算公式如下：

$$全员劳动生产率（元/人）$$
$$=自行完成工作量的价值/全部职工（本企业和非本企业）平均数 \qquad (3\text{-}2)$$

　　建安工人劳动生产率是反映每一建筑安装工人在本期所产生的建筑产品的价值，可用以考核和分析建安工人的劳动效率，即

$$建安工人劳动生产率（元/人）$$
$$=自行完成工程量的价值/建安工人平均人数（含学徒工、民工） \qquad (3\text{-}3)$$

　　b. 劳动生产率的实物指标：一般有按每一职工计算的年平均竣工面积表示的实物劳动生产率，以及按每一工人计算的各主要工种实物劳动生产率两种，即

$$每一职工年平均竣工面积（m^2/人）$$
$$=年完成房屋竣工面积数/全部职工（本企业和非本企业）平均数 \qquad (3\text{-}4)$$
$$工人实物劳动生产率=完成某工种工程量/某工种平均人数（含辅助工） \qquad (3\text{-}5)$$

　　单位产品的劳动消耗量是指完成单位产品所需消耗的劳动工日数，其计算方法如下：

$$单位产品劳动消耗量=完成该工程的全部劳动工日数/工程总量 \qquad (3\text{-}6)$$

3）投资额指标。当选定的施工方案需要增加新的投资时，如所需机械设备是不可能取得的，而要购买新的施工机械或设备，则增加的投资额，也要加以比较。

4）成本费用指标。计算方案所用的直接费用和间接费用，然后进行比较。一般可参考下式进行计算

$$C = C_1(1+K_1)+(C_2+C_3)(1+K_2) \tag{3-7}$$

式中：C——某一建筑产品的成本费；

C_1——生产某一建筑产品所需的工资；

C_2——生产某一建筑产品所需的材料费；

C_3——生产某一建筑产品所需的机械费；

K_1、K_2——取费系数。

3．施工方案的综合分析、评价方法

（1）单指标比较法

如果在选择方案时，只考虑一个主要指标或在其他指标相同的条件下，只比较一个指标，就可以决定方案的取舍问题，则可采用单指标比较法，如工期、成本、劳动耗用等。这时，方案的分析、评价最为简单，只要在几个对比方案中，凡要求的单一指标为最优的方案，就是选择的方案。

（2）多指标比较法

该法简便实用，目前使用得较多。比较时，要选用适当的指标，注意可比性。但下列两种情况要区别对待。

1）一个方案的各项指标均优于另一个方案，优劣是明显的，可立即确定最优方案。

2）通过计算，几个方案的指标优劣不同，在分析比较时要对指标进行加工，形成单指标，然后分析比较优劣。其方法有评分评价法、价值评价法等。

① 评分评价法是将各施工方案的评价指标，按其重要程度进行鉴定，给予一定的比重分值，进一步判定各方案，对其各类指标的满足程度确定分值，经过数学运算进行综合，得出总分值，选择总分值大者为最佳方案。一般可采用加权评分法。

② 价值评价法是对各方案均计算出最终价值，用价值量的大小评价方案的优劣。

3.5　编制单位工程施工进度计划

单位工程施工进度计划指的是控制工程施工进度和工程竣工期限等各项施工活动的实施计划，是在确定了施工方案的基础上，根据规定工期和各种资源的供应条件，按照施工过程的合理施工顺序及组织施工的原则，用网络图或横道图的形式表示。

3.5.1　施工进度计划的作用与分类

1．施工进度计划的作用

单位工程施工进度计划是施工组织设计的重要组成内容之一，是控制各分部分项工

程施工进度的主要依据，也是编制月、季度施工作业计划及各项资源需要量计划的依据。它的主要作用如下。

1）指导现场施工安排，确保在规定的工期内完成符合质量要求的工程任务。

2）确定各主要分部分项工程名称及施工顺序和持续时间。

3）确定各施工过程相互衔接和合理配合关系。

4）确定为完成任务所必需的劳动工种和总的劳动量及各种机械、各种物资的需用量。

5）为施工单位编制季度、月度、旬生产作业计划提供依据。

6）为编制劳动力需用量的平衡调配计划、各种材料的组织与供应计划、施工机械供应和调度计划、施工准备工作计划等提供依据。

7）为确定施工现场的临时设施数量和动力配备等提供依据。

编制单位工程施工进度计划主要依据下列资料。

1）建筑场地及地区的水文、地质、气象和其他技术资料。

2）经过审批及会审的建筑总平面图、单位工程施工图、工艺设计图、设备及其基础图、采用的标准图集及技术资料。

3）合同规定的开工、竣工日期。

4）施工组织总设计对本单位工程的有关规定。

5）施工条件：劳动力、材料、构件及机械供应条件，分包单位情况等。

6）主要分部分项工程的施工方案。

7）劳动定额及机械台班定额。

8）其他有关要求和资料。

2. 施工进度计划的分类

单位工程施工进度计划根据施工项目划分的粗细程度，可分为控制性施工进度计划和指导性施工进度计划两类。

1）单位工程控制性施工进度计划：这种控制性施工计划是以分部工程作为施工项目划分对象，控制各分部工程的施工时间及它们之间互相配合、搭接关系的一种进度计划。

它主要适用于工程结构比较复杂、规模较大、工期较长且需要跨年度施工的工程，如大型工业厂房、大型公共建筑；还适用于规模不是很大或结构不算复杂，但由于施工各种资源（劳动力、材料、机械等）不落实，以及由于工程建筑、结构等可能发生变化及其他各种情况。

2）单位工程指导性施工进度计划：这种指导性施工进度计划是以分项工程或施工过程为施工项目划分对象，具体确定各个主要施工过程施工所需要的时间，以及相互之间搭接、配合的关系。它适用于任务具体而明确、施工条件落实、各项资源供应正常、施工工期不太长的工程。

编制控制性施工进度计划的单位工程，当各分部工程或施工条件基本落实以后，在施工之前也应编制指导性施工进度计划。这时，可按各施工阶段分别具体地、比较详细地进行编制。

单位工程施工进度计划是指在施工方案的基础上，根据规定工期和技术物资供应条件，遵循工程的施工顺序，用图表形式表示各分部分项工程搭接关系及工程开、竣工时间的一种计划安排。

单位工程施工进度计划的表达方式一般有横道图和网络图两种，详见单元 1 和单元 2 所述。横道图的表格形式见表 3-2。施工进度计划由两部分组成，一部分反映拟建工程划分施工过程的工程量、劳动量或台班量、施工人数或机械数、工作班次及工作延续时间等计算内容，另一部分则用图表形式表示各施工过程的起止时间、延续时间及其搭接关系。

表 3-2 横道图的表格形式

序号	施工过程名称	工程量		劳动定额	劳动量		机械		每天工作班次	每班工人数	施工时间	施工进度															
												日															月
		单位	数量		定额工日	计划工日	机械名称	台班数				2	4	6	8	10	12	14	16	18	20	22	24	26	28	30	

3.5.2 单位工程施工进度计划的编制程序

1. 单位工程施工进度计划的编制

单位工程施工进度计划的编制步骤及方法叙述如下。

（1）划分施工过程

编制单位工程施工进度计划时，首先必须研究施工过程的划分，再进行有关内容的计算和设计。施工过程的划分应考虑以下要求。

1）施工过程划分粗细程度的要求。

对于控制性施工进度计划，其施工过程的划分可以粗一些，一般可按分部工程划分施工过程，如开工前准备、打桩工程、基础工程、主体结构工程等。对于指导性施工进度计划，其施工过程的划分可以细一些。要求每个分部工程所包括的主要分项工程均应一一列出，起到指导施工的作用。

2）对施工过程进行适当合并，达到简明清晰的要求。

施工过程划分太细，则过程越多，施工进度图表就会显得烦杂，重点不突出，反而失去了指导施工的意义，并且增加了编制施工进度计划的难度。因此，为了使计划简明清晰、突出重点，一些次要的施工过程应合并到主要施工过程中去，如基础防潮层可合并到基础施工过程中，有些虽然重要但工程量不大的施工过程也可与相邻的施工过程合并，如挖土可与垫层合并为一项，组织混合班组施工；同一时期由同一工种施工的施工过程也可合并到一起，如墙体砌筑，不分内墙、外墙、隔墙等，而合并为墙体砌筑一项。

3）施工过程划分的工艺性要求。

现浇钢筋混凝土施工，一般可分为支模、绑扎钢筋、浇筑混凝土等施工过程，是合并还是分别列项，应视工程施工组织、工程量、结构性质等因素研究确定。一般，现浇钢筋混凝土框架结构的施工应分别列项，而且可分得细一些。例如，绑扎柱钢筋、安装柱模板、浇捣柱混凝土、安装梁板模板、绑扎梁板钢筋、浇捣梁板混凝土、养护、拆模等施工过程。但在现浇钢筋混凝土工程量不大的工程对象上，一般不再分细，可合并为一项。砖混结构工程是，现浇雨篷、圈梁、厕所及盥洗室的现浇楼板等，即可列为一项，由施工班组的各工种互相配合施工。

抹灰工程一般分内外墙抹灰，外墙抹灰工程可能有若干种装饰抹灰的做法要求，一般情况下合并列为一项，也可分别列项。室内的各种抹灰应按楼地面抹灰、顶棚及墙面抹灰、楼梯间及踏步抹灰等分别列项，以便组织施工和安排进度。

施工过程的划分，应考虑所选择的施工方案。例如，厂房基础采用敞开式施工方案时，柱基础和设备基础可合并为一个施工过程；而采用封闭式施工方案时，则必须列出柱基础、设备基础这两个施工过程。

住宅建筑的水、暖、煤、卫、电等房屋设备安装是建筑工程的重要组成部分，应单独列项；工业厂房的各种机电等设备安装也要单独列项，但不必细分，可由专业队或设备安装单位单独编制其施工进度计划。土建施工进度计划中列出其施工过程，表明其与土建施工的配合关系。

4）明确施工过程对施工进度的影响程度。

根据施工过程对工程进度的影响程度，施工过程可分为三类。第一类为资源驱动的施工过程，这类施工过程直接在拟建工程上进行作业，占用时间、资源，对工程的完成与否起着决定性的作用，它在条件允许的情况下，可以缩短或延长工期。第二类为辅助性施工过程，它一般不占用拟建工程的工作面，虽然需要一定的时间和消耗一定的资源，但不占用工期，故可不列入施工计划内，如交通运输、场外构件加工或预制等。第三类施工过程虽然直接在拟建工程上进行作业，但它的工期不以人的意志为转移，随着客观条件的变化而变化，它应根据具体情况列入施工计划，如混凝土的养护等。

施工过程划分和确定之后，应按前述施工顺序列出施工过程的逻辑联系。

（2）计算工程量

当确定施工过程后，应计算每个施工过程的工程量。工程量应根据施工图纸、工程量计算规则及相应的施工方法进行计算，实际就是按工程的几何形状进行计算。计算时应注意以下几个问题。

1）注意工程量的计量单位。

每个施工过程工程量的计量单位应与采用的施工定额的计量单位一致。例如，模板工程以平方米为计量单位，绑扎钢筋以吨为计量单位，混凝土以立方米为计量单位等。这样，在计算劳动量、材料消耗量及机械台班量时就可直接套用施工定额，不再进行换算。

2）注意采用的施工方法。

计算工程量时，应与采用的施工方法一致，以便计算的工程量与施工的实际情况相符。例如，挖土时是否放坡、是否加工作面，坡度和工作面尺寸是多少；开挖方式是单独开挖、条形开挖，还是整体开挖等。不同的开挖方式，土方量相差是很大的。

3）正确取用预算文件中的工程量。

如果在编制单位工程施工进度计划时，已编制出预算文件（施工图预算或施工预算），则工程量可从预算文件中抄出并汇总。例如，要确定施工进度计划中列出的"砌筑墙体"这一施工过程的工程量，可先分析它包括哪些施工内容，然后从预算文件中摘出这些施工内容的工程量，再将它们全部汇总即可求得。但是，施工进度计划中某些施工过程与预算文件的内容不同或有出入（如计量单位、计算规则、采用的定额等），则应根据施工实际情况加以修改、调整或重新计算。

（3）套用施工定额

确定了施工过程及其工程量之后，即可套用施工定额（当地实际采用的劳动定额及机械台班定额），以确定劳动量和机械台班量。

在套用国家或当地颁发的定额时，必须注意结合本单位工人的技术等级、实际操作水平、施工机械情况和施工现场条件等因素，确定定额的实际水平，使计算出来的劳动量、机械台班量符合实际需要。

有些采用新技术、新材料、新工艺或特殊施工方法的施工过程，定额中尚未编入，这时可参考类似施工过程的定额、经验资料，按实际情况确定。

（4）计算劳动量及机械台班量

根据工程量及确定采用的施工定额，即可进行劳动量及机械台班量的计算。

1）计算劳动量。

劳动量也称劳动工日数。凡是以手工操作为主的施工过程，其劳动量均可按下式计算：

$$P_i = \frac{Q_i}{S_i} \quad 或 \quad P_i = Q_i \times H_i \tag{3-8}$$

式中：P_i——某施工过程所需劳动量（工日）；

Q_i——该施工过程的工程量（m^3、m^2、m、t）；

S_i——该施工过程采用的产量定额（m^3/工日、m^2/工日、m/工日、t/工日等）；

H_i——该施工过程采用的时间定额（工日/m^3、工日/m^2、工日/m、工日/t等）。

【例 3-1】 某混合结构工程基槽人工挖土量为 $600m^3$，查劳动定额得产量定额为 $3.5m^3$/工日，计算完成基槽挖土所需的劳动量。

解：

$$P = \frac{Q}{S} = \frac{600}{3.5} = 172 （工日）$$

当某一施工过程是由两个或两个以上不同分项工程合并而成时，其总劳动量应按下式计算：

$$P_总 = \sum_{i=1}^{n} P_i = P_1 + P_2 + \cdots + P_n$$

【例 3-2】 某钢筋混凝土基础工程，其支模板、扎钢筋、浇筑混凝土三个施工过程的工程量分别为 $600m^2$、5t、$250m^3$，查劳动定额，其时间定额分别为 0.253 工日/m^2、

5.28 工日/t、0.833 工日/ m³，试计算完成钢筋混凝土基础所需劳动量。

解：

$$P_模 = 600 \times 0.253 = 151.8（工日）$$

$$P_筋 = 5 \times 5.28 = 26.4（工日）$$

$$P_{混凝土} = 250 \times 0.833 = 208.3（工日）$$

$$P_{杯基} = P_模 + P_筋 + P_{混凝土} = 151.8 + 26.4 + 208.3 = 386.5（工日）$$

当某一施工过程是由同一工种，但不同做法、不同材料的若干个分项工程合并组成时，应先按式（3-9）计算其综合产量定额，再求其劳动量。

$$\bar{S} = \frac{\sum_{i=1}^{n} Q_i}{\sum_{i=1}^{n} P_i} = \frac{Q_1 + Q_2 + \cdots + Q_n}{P_1 + P_2 + \cdots + P_n} = \frac{Q_1 + Q_2 + \cdots + Q_n}{\dfrac{Q_1}{S_1} + \dfrac{Q_2}{S_2} + \cdots + \dfrac{Q_n}{S_n}} \tag{3-9}$$

$$\bar{H} = \frac{1}{\bar{S}} \tag{3-10}$$

式中：$\bar{S}$——某施工过程的综合产量定额（m³/工日、m²/工日、m/工日、t/工日等）；

$\bar{H}$——某施工过程的综合时间定额（工日/m³、工日/m²、工日/m、工日/t 等）；

$\sum_{i=1}^{n} Q_i$——总工程量（m³、m²、m、t 等）；

$\sum_{i=1}^{n} P_i$——总劳动量（工日）；

Q_1、Q_2、…、Q_n——同一施工过程的各分项工程的工程量；

P_1、P_2、…、P_n——与 Q_1、Q_2、…、Q_n 相对应的产量定额。

【例3-3】 某工程，其外墙面装饰有外墙涂料、真石漆、面砖三种做法，其工程量分别是 850.5m²、500.3m²、320.3m²；采用的产量定额分别是 7.56m²/工日、4.35m²/工日、4.05m²/工日。计算它们的综合产量定额及外墙面装饰所需的劳动量。

解：

$$\bar{S} = \frac{Q_1 + Q_2 + Q_3}{\dfrac{Q_1}{S_1} + \dfrac{Q_2}{S_2} + \dfrac{Q_3}{S_3}} = \frac{850.5 + 500.3 + 320.3}{\dfrac{850.5}{7.56} + \dfrac{500.3}{4.35} + \dfrac{320.3}{4.05}} = \frac{1671.1}{112.5 + 115 + 79.1} = 5.45（m²/工日）$$

$$P_{外墙装饰} = \frac{\sum_{i=1}^{3} Q_i}{\bar{S}} = \frac{1671.1}{5.45} = 306.6（工日）$$

取 $P_{外墙装饰}$ = 306.5 工日。

2）机械台班量的计算。

凡是采用机械为主的施工过程，均可按下式计算其所需的机械台班数。

$$P_{机械} = \frac{Q_{机械}}{S_{机械}} \quad 或 \quad P_{机械} = Q_{机械} \times H_{机械} \tag{3-11}$$

式中：$P_{机械}$——某施工过程需要的机械台班数（台班）；

$Q_{机械}$ ——机械完成的工程量（m^3、t、件等）；

$S_{机械}$ ——机械的产量定额（m^3/台班、t/台班等）；

$H_{机械}$ ——机械的时间定额（台班/m^3、台班/t 等）。

在实际计算中 $S_{机械}$ 或 $H_{机械}$ 的采用应根据机械的实际情况、施工条件等因素考虑，结合实际确定，以便准确地计算需要的机械台班数。

【例 3-4】 某工程基础采用 W-100 型反铲挖土机挖土，挖方量为 2099 m^3，经计算采用的机械台班产量为 120 m^3/台班。计算挖土机所需台班量。

解：

$$P_{机械} = \frac{Q_{机械}}{S_{机械}} = \frac{2099}{120} = 17.49（台班）$$

取 17.5 个台班。

（5）计算确定施工过程的延续时间

施工过程持续时间的确定方法有三种：经验估算法、定额计算法和倒排计划法。

1）经验估算法。

经验估算法也称三时估算法，即先估计出完成该施工过程的最乐观时间、最悲观时间和最可能时间三种施工时间，再根据式（3-12）计算出该施工过程的延续时间。这种方法适用于新结构、新技术、新工艺、新材料等无定额可循的施工过程。

$$D = \frac{A + 4B + C}{6} \tag{3-12}$$

式中：D ——延续时间；

A ——最乐观的时间估算（最短的时间）；

B ——最可能的时间估算（最正常的时间）；

C ——最悲观的时间估算（最长的时间）。

2）定额计算法。

这种方法是根据施工过程需要的劳动量或机械台班量及配备的劳动人数或机械台数，确定施工过程持续时间。

$$D = \frac{P}{N \times R} \tag{3-13}$$

$$D_{机械} = \frac{P_{机械}}{N_{机械} \times R_{机械}} \tag{3-14}$$

式中：D ——以手工操作为主的施工过程持续时间（天）；

P ——该施工过程所需的劳动量（工日）；

R ——该施工过程所配备的施工班组人数（人）；

N ——每天采用的工作班制（班）；

$D_{机械}$ ——以机械施工为主的施工过程的持续时间（天）；

$P_{机械}$ ——该施工过程所需的机械台班数（台班）；

$R_{机械}$ ——该施工过程所配备的机械台数（台）；

$N_{机械}$——每天采用的工作台班数（台班）。

从式（3-13）、式（3-14）可知，要计算确定某施工过程持续时间，除已确定的 P 或 $P_{机械}$外，还必须先确定 R、$R_{机械}$及 N、$N_{机械}$的数值。

要确定施工班组人数 R 或施工机械台班数 $R_{机械}$，除了考虑必须能获得或能配备的施工班组人数（特别是技术工人人数）或施工机械台数之外，在实际工作中，还必须结合施工现场的具体条件、最小工作面与最小劳动组合人数的要求，以及机械施工的工作面大小、机械效率、机械必要的停歇维修与保养时间等因素的考虑，才能符合实际可能和要求的施工班组人数及机械台数。

每天工作班制确定，当工期允许、劳动力和施工机械周转使用不紧迫、施工工艺上无连续施工要求时，通常采用一班制施工，在建筑业中往往采用 1.25 班即 10h。当工期较紧或为了提高施工机械的使用率及加快机械的周转使用，或工艺上要求连续施工时，某些施工项目可考虑两班甚至三班制施工。但采用多班制施工，必然增加有关设施及费用，因此，必须慎重研究确定。

【例 3-5】 某工程基础混凝土浇筑所需劳动量为 536 工日，每天采用三班制，每班安排 30 人施工，试求完成混凝土垫层的施工持续时间。

解：
$$D = \frac{P}{N \times R} = \frac{536}{3 \times 30} = 5.96 = 6（d）$$

3）倒排计划法。

这种方法根据施工的工期要求，先确定施工过程的延续时间及工作班制，再确定施工班组人数（R）或机械台数（$R_{机械}$）。

$$R = \frac{P}{N \times D} \qquad (3\text{-}15)$$

$$R_{机械} = \frac{P_{机械}}{N \times D_{机械}} \qquad (3\text{-}16)$$

如果按上述两式计算出来的结果，超过了本部门现有的人数或机械台数，则要求有关部门进行平衡、调度及支持，或从技术上、组织上采用措施。例如，组织平行立体交叉流水施工，提高混凝土早期强度及采用多班组、多班制的施工等。

【例 3-6】 某工程砌墙所需劳动量为 810 个工日，要求在 20d 内完成，采用一班制施工，试求每班工人数。

解：
$$R = \frac{P}{N \times D} = \frac{810}{1 \times 20} = 40.5（人）$$

取 $R_{砌墙}$为 41 人。

上述所需施工班组人数为 41 人，若配备技工 20 人，普工 21 人，其比例为 1∶1.05，是否有这些劳动人数，是否有 20 技工，是否有足够的工作面，这些都需要经过分析研究才能确定。现按 41 人计算，实际采用的劳动量为 41×20×1=820 工日，比计划劳动量 810 个工日多 10 个工日，相差不大。

（6）初排施工进度（以横道图为例）

上述各项计算内容确定之后，即可编制施工进度计划的初步方案。一般的编制方法有以下两种。

1）根据施工经验直接安排的方法。

这种方法是根据经验资料及有关计算，直接在进度表上画出进度线。其一般步骤是，先安排主导施工过程的施工进度，然后安排其余施工过程，它应尽可能配合主导施工过程并最大限度地搭接，形成施工进度计划的初步方案。总的原则是应使每个施工过程尽可能早地投入施工。

2）按工艺组合组织流水的施工方法。

这种方法就是先按各施工过程（即工艺组合流水）初排流水进度线，然后将各工艺组合最大限度地搭接起来。

无论采用上述哪一种方法编排进度，都应注意以下问题。

1）每个施工过程的施工进度线都应用横道粗实线段表示（初排时可用铅笔细线表示，待检查调整无误后再加粗）。

2）每个施工过程的进度线所表示的时间（天）应与计算确定的延续时间一致。

3）每个施工过程的施工起止时间应根据施工工艺顺序及组织顺序确定。

（7）检查与调整施工进度计划

施工进度计划初步方案编出后，应根据与业主和有关部门的要求、合同规定及施工条件等，先检查各施工过程之间的施工顺序是否合理、工期是否满足要求、劳动力等资源消耗是否均衡，然后进行调整，直至满足要求，正式形成施工进度计划。总的要求是在合理的工期下尽可能地使施工过程连续施工，这样便于资源的合理安排。

进度计划检查的主要内容如下。

1）各工作项目的施工顺序、平行搭接和技术间歇是否合理。

2）总工期是否满足合同规定。

3）主要工种的工人是否能满足连续、均衡施工的要求。

4）主要机具、材料等的利用是否均衡和充分。

在上述四个方面中，首要的是前两个方面的检查，如果不满足要求，必须进行调整。只有在前两个方面均达到要求的前提下，才能进行后两个方面的检查与调整。前者是解决可行与否的问题，而后者则是优化的问题。

2. 框架结构的进度安排案例

某四层学生宿舍楼，底层为商业用房。建筑面积为 3277.96m^2，基础为钢筋混凝土独立基础，主体工程为全现浇钢筋混凝土框架结构。装饰工程为塑钢门窗、胶合板门。外墙使用涂料，内墙为混合砂浆抹灰、普通涂料刷白。楼地面贴地板砖，屋面用聚苯乙烯泡沫塑料板作为保温层，上面为 SBS 改性沥青防水层，其主要工程量见表 3-3。试确定该框架结构的施工进度计划。

表 3-3　某四层框架结构宿舍楼主要工程量一览表

序号	分项工程名称	劳动量（工日或台班）	序号	分项工程名称	劳动量（工日或台班）
（一）	基础工程	—	14	砌墙	1095
1	机械开挖土方	6	（三）	屋面工程	—
2	混凝土垫层	30	15	聚苯乙烯泡沫塑料板保温	152
3	绑扎基础钢筋	59	16	屋面找平层	52
4	支模	73	17	SBS 改性沥青防水层	47
5	浇筑混凝土	87	（四）	装饰工程	—
6	回填土	150	18	顶棚、墙面抹灰	1648
（二）	主体工程	—	19	外墙贴砖	957
7	脚手架	313	20	楼地面及楼梯贴砖	929
8	柱绑扎钢筋	135	21	塑钢门窗安装	68
9	柱、梁、板模板（含楼梯）	2263	22	胶合板门	81
10	柱混凝土	204	23	顶棚、墙面涂料	380
11	梁、板绑扎钢筋（含楼梯）	801	24	油漆	79
12	梁、板混凝土（含楼梯）	939	25	水、电安装及其他	—
13	拆模	398			

　　分析：按照流水施工的组织步骤，首先在熟悉图纸及相关资料的基础上，将单位工程划分为四个分部工程，即基础工程、主体工程、屋面工程、装饰工程。对各个分部工程划分施工段，计算相应分项工程工程量及劳动量，具体组织方法如下。

　　（1）基础工程

　　1）划分分项工程。基础工程划分为机械开挖土方、混凝土垫层、绑扎基础钢筋、支模、浇筑混凝土、回填土六个施工过程。基础采用机械大开挖形式，人工配合挖土不列入进度计划；垫层工程量较小，可以将其合并到相邻施工过程中，也可以单独作为一个施工过程（此时，施工段数目划分要合理）。

　　2）划分施工段。基础部分划分为两个施工段（机械开挖部分、垫层为一个施工段）。

　　3）计算各分项工程的工程量、劳动量（结果见表 3-3）。

　　4）计算各分项工程的流水节拍（组织等节奏流水）。

　　① 机械开挖采用一台机械，两班制施工，作业时间为

$$t_{挖土}=6÷(1×2)=3（d）$$

考虑机械进出场，因此取 4d。

　　② 混凝土垫层共 30 工日，两班制施工，班组人数为 15 人，作业时间为

$$t_{垫层}=30÷(2×15)=1（d）$$

　　③ 基础绑扎钢筋需 59 工日，班组人数为 10 人，一班制施工，流水节拍为

$$t_{钢筋}=59÷(10×2×1)=2.95（取 3d）$$

因为后几项工序拟采取全等节拍流水，因此支模、浇筑混凝土、回填土流水节拍均

应为 3d，用倒排计划法安排班组人数：

$$R_{支模}=73÷(2×3×1)=12.2 人（取 12 人）$$
$$R_{混凝土}=87÷(2×3×1)=14.5 人（取 15 人）$$
$$R_{回填土}=150÷(2×3×1)=25 人（取 25 人）$$

5）计算分部工程流水工期。基础工程流水工期为

$$挖土时间+垫层时间+后四个过程全等节拍流水工期=4+1+(m+n-1)t$$
$$=5+(2+ 4-1)×3=20 （d）$$

（2）主体工程

主体工程包括七个施工过程，由于主体工程存在层间关系，要保证施工过程流水施工，必须使 $m≥n$，否则会出现工人窝工现象。本工程中 $m=2$、$n=7$，不符合 $m≥n$ 的要求，而要继续组织流水施工，只能采取"引申"的流水施工组织方式，即主导工序必须连续、均衡施工，次要工序可以在缩短工期的前提条件下间断施工。本分部工程主导工序为柱、梁、模板，而柱绑扎钢筋，柱混凝土，梁、板绑扎钢筋，梁、板混凝土四项工序可以作为一项工序的时间来考虑，这样就达到 $m≥n$ 的条件。对于拆模、砌墙两个施工过程可以作为主体工程中的两个独立过程考虑，安排流水即可，比较灵活。

具体安排如下。

1）划分分项工程。

主体工程划分为七个分项工程，分别为柱、梁、板模板，柱绑扎钢筋，柱混凝土，梁、板绑扎钢筋，梁、板混凝土，拆模，砌墙。

2）划分施工段。

主体工程每层划分为两个施工段，四层共八个施工段。

3）计算各分项工程的工程量、劳动量（已知）。

4）计算各分项工程流水节拍（首先计算主导工序流水节拍）。

① 主导工序柱、梁、板模板劳动量为 2263 工日，班组人数为 25 人，两班制施工，流水节拍为

$$t_{柱、梁、板模板}=2263÷(8×25×2)=5.66（取 6d）$$

② 其他四个工序按照一个过程的时间来安排，适当考虑养护时间，安排如下。

a. 柱绑扎钢筋劳动量共 135 工日，一班制施工，班组人数为 18 人，流水节拍为

$$T_{柱绑扎钢筋}=135÷(8×18×1)=0.94（取 1d）$$

b. 柱混凝土劳动量共 204 工日，两班制施工，班组人数为 14 人，流水节拍为

$$T_{柱混凝土}=204÷(8×14×2)=0.91（取 1d）$$

c. 梁、板绑扎钢筋劳动量共 801 工日，两班制施工，班组人数为 25 人，流水节拍为

$$T_{梁、板绑扎钢筋}=801÷(8×25×2)=2（d）$$

d. 梁、板混凝土劳动量共 939 工日，三班制施工，班组人数为 20 人，流水节拍为

$$T_{混凝土}=939÷(8×20×3)=1.96（取 2d）$$

这四个过程的流水节拍综合计算为 1+1+2+2=6（d）。

主体工程钢筋混凝土工程的流水工期为

$$T=(mr+n-1)\times6=(2\times4+2-1)\times6=54（d）$$

③ 拆模、砌墙的流水节拍。楼板的底模应在浇筑完混凝土，混凝土达到规定强度后方可拆模。根据实验室数据，混凝土浇筑完后 12d 可以进行拆模，拆完模即可进行墙体砌筑。

a．拆模劳动量为 398 工日，班组人数同支模板人数为 25 人，两班制施工，流水节拍为

$$T_{拆模}=398\div(8\times25\times2)=0.995（取 1d）$$

b．砌墙劳动量 1095 工日，班组人数同支模板人数 25 人，两班制施工，流水节拍为

$$T_{砌墙}=1095\div(8\times25\times2)=2.74（取 3d）$$

主体工程的总工期为

$$T=54+12+1+3=70（d）$$

（3）屋面工程

屋面工程分为三个施工过程，一般情况，考虑其整体性，不划分施工段，采用顺序施工的方式组织施工。

1）保温层劳动量为 152 工日，一班制施工，班组人数为 30 人，流水节拍为

$$T_{保温}=152\div(1\times30\times1)=5.07（取 5d）$$

2）找平层劳动量为 52 工日，一班制施工，班组人数为 18 人，流水节拍为

$$T_{找平层}=52\div(1\times18\times1)=2.89（取 3d）$$

3）防水层劳动量为 47 工日，一班制施工，班组人数为 15 人，流水节拍为

$$T_{防水层}=47\div(1\times15\times1)=3.13（取 3d）$$

注意：找平层施工完毕后，应安排一定的干燥时间，可根据实际天气情况进行调整，这里安排 5d 时间。

（4）装饰工程

1）划分分项工程。

装饰工程包括七个施工过程，考虑塑钢门窗、胶合板门劳动量较小，将其合并为一个分项工程，尤其要与涂料合并为一个分项工程组织流水施工，因此共有五个分项工程。

2）划分施工段

每层划分为一个施工段，共四个施工段，采用自上而下的施工顺序。

3）计算各分项工程的工程量、劳动量（已知）。

4）计算各分项工程流水节拍（按照等节拍流水组织施工）。

① 顶棚、墙面抹灰劳动量为 1648 工日，一班制施工，班组人数为 60 人，流水节拍为

$$T_{顶棚、墙面抹灰}=1648\div(4\times60\times1)=6.9（取 7d）$$

② 外墙贴砖劳动量共 957 工日，一班制施工，流水节拍为 7d，班组人数为

$$R_{外墙贴砖}=957\div(4\times1\times7)=34.2（取 34 人）$$

③ 楼地面及楼梯贴砖劳动量共 929 工日，一班制施工，流水节拍为 7d，班组人数为

$$R_{楼地面}=929÷(4×1×7)=33.18（取 33 人）$$

④ 涂料与油漆劳动量共 380+79=459（工日），一班制施工，流水节拍为 7d，班组人数为

$$R_{涂料}=459÷(4×1×7)=16.39（取 17 人）$$

⑤ 塑钢门窗、胶合板门劳动量合并为 149 工日，一班制施工，流水节拍为 3d，混合班组人数为

$$R_{塑钢、胶合板门、油漆}=149÷(4×1×3)=12.42（取 13 人）$$

装饰分部工程流水施工工期为

$$T=K_{外墙面砖,抹灰}+K_{抹灰,楼梯面砖}+K_{楼梯面砖,安装门窗}+K_{安装门窗,油漆涂料}+4×7=7+7+7+3+28=52（d）$$

当所有分部工程都组织流水施工后，再按照各个分部工程之间的连接关系，即是否存在搭接或间歇时间将各分部工程流水汇总形成单位工程流水。

基础与主体搭接 3d，屋面工程与部分主体和部分装饰工程平行并列施工。因此总工期为

基础分部工程工期+主体分部工程工期+装饰分部工程工期-搭接时间
=20+70+52-3=139（d）

注意：脚手架工程、其他及水电工程为配合土建施工穿插进行，因此在进度计划中只表示其开始和结束穿插施工的时间，横道跨越的时间并不表示该施工过程持续施工的时间。

3.5.3　施工准备工作与各项资源需要量计划的编制

1. 施工准备工作的分类

（1）按施工准备工作的范围不同分类

1）全场性施工准备。它是以整个建设项目为对象而进行的各项施工准备。其作用是为整个建设项目的顺利施工创造条件，既为全场性的施工活动服务，又要兼顾单位工程施工条件的准备。

2）单位工程施工条件准备。它是以一个建筑物或构筑物为对象而进行的各项施工准备。其作用是为单位工程的顺利施工创造条件，既为单位工程做好一切准备，又要为分部（分项）工程施工进行作业条件的准备。

3）分部（分项）工程作业条件的准备。它是以一个分部（分项）工程或冬雨期施工为对象而进行的作业条件准备。

（2）按工程所处的施工阶段不同分类

1）开工前的施工准备工作。它是在拟建工程正式开工之前所进行的一切施工准备。其作用是为工程开工创造必要的施工条件。它既包括全场性的施工准备，又包括单位工程施工条件准备。

2）各阶段施工前的施工准备。它是在工程开工后，某一单位工程或某个分部（分

项）工程或某个施工阶段、某个施工环节施工前所进行的一切施工准备。其作用是为每个施工阶段创造必要的施工条件，它一方面是开工前施工准备工作的深化和具体化，另一方面又要根据各施工阶段的实际需要和变化情况随时做出补充修正与调整。例如，一般框架结构建筑的施工，可以分为地基基础工程、主体结构工程、屋面工程、装饰工程等施工阶段，由于每个施工阶段的施工内容不同，所需要的技术条件、物质条件、组织措施要求及现场平面布置等也会不同。因此，在每个施工阶段开始之前，都必须做好相应的施工准备。

因此，施工准备工作应重视整体性与阶段性的统一，且应体现出连续性，必须有计划、有步骤、分期、分阶段地进行。

2. 施工准备工作的内容

施工准备工作的内容一般包括信息收集、技术资料准备、资源准备、施工现场准备、季节性施工准备等。

（1）信息收集

当今世界是一个信息的世界，成功的关键取决于信息的占有量。建筑工程施工涉及的单位多、内容广、情况多变、问题复杂。编制施工组织设计的人员对建设地区的情况往往不太熟悉。因此，为了编制出一个符合实际情况、切实可行、质量较高的施工组织设计，就必须掌握足够的信息，信息收集工作是开工前施工准备工作的主要内容之一。

1）信息收集的途径。为了获得符合实际情况、切实可行、最佳的施工组织设计方案，在进行建设项目施工准备过程中必须进行自然条件和技术经济调查，以获得必要的自然条件和技术经济条件的信息，这些信息资料称为原始资料。对这些信息资料的分析就称为原始资料的调查分析。原始资料的调查工作应有计划、有目的地进行。根据工程的复杂程度事先要拟订明确详细的调查提纲。

调查时，可以向相关单位收集有关资料，如向建设单位、勘察设计单位索取工程设计任务书、工程地质报告、地形图；向当地的气象部门收集气象资料；向公司总部或有关单位收集类似工程的资料等。到实地勘测与调查是重要、有效的收集途径，这种方法比较准确，但费用较高；可以通过网络收集各种信息，如材料价格、机械、工具租赁价格、地方法规，这种方法快捷、经济。

对调查收集的原始资料进行细致的分析与研究，分类、汇总后形成文件，供各单位、各岗位使用。

2）原始资料调查的目的。自然条件的调查是为了查明建设地区的自然条件，并提供有关资料；经济条件的调查是为了查明建设地区工业、资源、交通运输和生活福利设施等地区经济因素，以获得建设地区的技术经济条件资料。施工单位进行原始资料调查的目的如下。

① 为工程投标提供依据。施工单位在投标前，除了认真研究招标文件及其附件以外，还要仔细地调查研究现场及社会经济技术条件，在综合分析的基础上进行投标。

② 为签订承包合同提供依据。中标单位与招标单位签订工程承包合同，其中很多内容都直接与当地的技术经济情况有关。

③ 为编制施工组织设计提供依据。施工组织设计中的有关材料供应、交通运输、构件订货、机械设备选择、劳动力筹集、季节性施工方案等内容的确定，都要以技术经济调查资料为依据。

3）收集信息的主要内容。

① 政府的法律、法规与有关部门规章信息；防治公害的标准。

② 市场信息，包括地方建材生产企业情况，主要是钢筋混凝土构件、钢结构、门窗、水泥制品的加工条件；钢材、水泥、木材、砖、砂石、装饰材料、特殊材料的价格与供应调查；机械设备供应情况，包括某些大型运输车辆、起重设备及其他机械设备的供应条件；社会劳动力和生活设施情况，包括可提供的劳动力和其他服务项目、房屋设施情况、生活情况。

③ 自然条件信息，主要是工程地质和气象信息。工程地质包括地形、地质、地震、地下水、地面水（地面河流）等；气象信息包括气温、风、雨、雪等。

④ 工程概况信息，主要包括工程实体情况、场地和环境概况、参与建设的各单位概况及工程合同等。

a．工程实体情况：它主要来源于建设项目的计划任务书，包括建设目的和依据、规模、水文地质情况；原材料、燃料、动力、用水等供应情况及运输条件；资料综合利用和治理三废的要求；建设进度；投资控制数、资金来源；劳动定额控制数；要求达到的经济效益和技术水平；设计进度、设计概算、投资计划和工期计划。若为引进项目，应查清进口设备、零件、配件、材料的供货合同、有关条款、到货情况、质量标准及相应的配合要求。

b．场地和环境概况：包括施工用地范围、有无周转用地、现场地形、可利用的建筑物及设施、交通道路情况、附近建筑物的情况、水与电源情况等；地区交通运输条件，包括铁路、公路、水路、空运等运输条件；供水管网、污水排放点、供电条件、电话线路、热力、燃料供应情况、供气等。

c．参与建设的各单位概况：参加施工的各单位能力调查，包括工人、管理人员、施工机械情况及施工经验、经济指标。

（2）技术资料准备

技术资料的准备工作，即通常所说的"内业"工作。它是现场施工准备工作的基础，其内容包括以下几个方面。

1）熟悉、审查施工图纸和有关设计资料。一个建筑物或构筑物的施工依据就是施工图纸，施工技术人员必须在施工前熟悉施工图中各项设计的技术要求，在熟悉施工图纸的基础上，由建设、施工、设计单位共同对施工图纸组织会审。

会审后要有图纸会审纪要及各参加会审的单位盖章，可作为与设计图纸同时使用的技术文件。

① 熟悉施工图纸的重点。

a．基础及地下室部分：核对建筑、结构、设备施工图中关于基础留口、留洞的位置及标高，地下室排水的去向，变形缝及人防出口的做法，防水体系的交圈及收头要求等。

b．主体结构部分：各层所用砂浆、混凝土的强度等级，墙、柱与轴线的关系，梁、柱（包括圈梁、构造柱）的配筋及节点做法，悬挑结构的锚固要求，楼梯间构造，设备图和土建图上洞口尺寸及位置的关系。

c．屋面及装饰部分：结构施工应为装饰施工提供预埋件或预留洞，内、外墙和地面的材料做法，屋面防水节点等。

在熟悉图纸过程中，对发现的问题应做出标记、做好记录以便在图纸会审时提出。

② 图纸会审的主要内容。图纸会审一般先由设计人员对设计图纸中的技术要求和有关问题作介绍和交底，对于各方提出的问题，经充分辩商后将意见形成图纸会审纪要，由建设单位正式行文，参加会议的各单位加盖公章，作为与设计图纸同时使用的技术文件。图纸会审主要包括以下内容。

a．施工图的设计是否符合国家有关技术规范。

b．图纸及设计说明是否完整、齐全、清楚；图纸中的尺寸、坐标、轴线、标高、各种管线和道路的交叉连接点是否准确；同一套图纸的前、后各图及建筑与结构施工图是否吻合一致，是否矛盾；地下与地上的设计是否有矛盾。

c．施工单位技术装备条件能否满足工程设计的有关技术要求；采用新结构、新工艺、新技术在施工时是否有困难，土建施工、设备安装、管道、动力、电器安装要求采取特殊技术措施时，施工单位技术上有无困难；能否确保施工质量和安全。

d．设计中所选用的各种材料、配件、构件（包括特殊的、新型的），在组织采购供应时，其品种、规格、性能、质量、数量等方面能否满足设计规定的要求。

e．对设计中不明确或疑问处，请设计人员解释清楚。

f．图纸中的其他问题，提出合理化建议。

2）编制施工组织设计。编制施工组织设计是施工准备工作的重要组成部分。施工组织设计是全面安排施工生产的技术经济文件，是指导施工的主要依据。编制施工组织设计本身就是一项重要的施工准备工作。所有施工准备的主要工作均集中反映在施工组织设计中。

施工组织设计文件要经过公司技术部门批准，并报业主、监理单位审批，经批准后方可使用，对于深基坑、脚手架、特殊工艺等关键分项要编制专项方案，必要时，请有关专家会审方案，确保安全施工。

3）编制施工图预算和施工预算。施工组织设计已被批准，即可着手编制单位工程施工图预算和施工预算，以确定人工、材料和机械费用的支出，并确定人工数量、材料消耗数量及机械台班的使用量。以便于签订劳务合同和采购合同。

（3）资源准备

1）劳动力准备。

① 施工队伍的准备。施工队伍的准备包括根据施工图预算和施工预算指定的劳动力需求计划集结施工力量，调整、健全和充实施工组织机构；进行特殊工种、稀缺工种的技术培训；招收临时工和合同工；签订劳务合同，进行进场安全教育。

② 分包管理。现代施工技术发展迅速，各种新技术层出不穷，施工分工越来越细，专业分包、劳务分包的管理也就非常重要，落实好专业施工队伍和劳务分包队伍也是全面质量管理的重要内容。首先，要建立分包队伍档案，尽量选择信誉好、实力强的施工队伍，从准入上把关。其次，签订平等的、互惠互利的合同，明确约定双方的权利和义务，这样有利于合同的履行，实现"双赢"。

2) 施工物资的准备。各种技术物资只有运到现场并有必要的储备后，才具备必要的开工条件，主要包括设备、施工机械、周转工具机具和各种材料、构配件等的准备。

① 根据施工方案确定的施工机械和周转工具需用量进行准备，自有的施工机械和周转工具要加强维护，按计划进场安装、检修和试运转。需租赁的机具要在考查市场的基础上，选定单位，签订租赁合同。

② 根据施工组织设计确定的材料、半成品、预制构件的数量、质量、品种、规格，编制好物资供应计划，落实资金，按计划签订合同和组织进货，按照施工平面图要求在指定地点堆存或入库。

（4）施工现场准备

一项工程开工之前，除了做好以上各项准备工作之外，还必须做好现场的各项施工准备工作，即通常所说的室外准备（外业准备），其主要内容包括"七通一平"、控制网建立和搭设临时设施三大部分。

1) "七通一平"。"七通一平"是指在建设工程的用地范围内，道路通、给水通、排水通、排污通、用电通、电信通、燃气通和平整场地的工作。

① 拆除障碍物。施工现场内的地上或地下一切障碍物应在开工前拆除。这项工作一般是由建设单位来完成的，有时也委托施工单位来完成。如果委托施工单位来完成这项工作，一定要先了解情况，尤其是原有障碍物情况复杂，而且资料不全的，应采取相应的措施，防止发生事故。架空电线及埋地电缆、自来水、污水、煤气、热力等管线拆除，都应与有关部门取得联系并办好手续后，方可进行，一般最好由专业公司来进行。场内的树木，需报请园林部门批准后方可砍伐。一般平房只要把水源、电源截断后即可进行拆除，若房屋较大、较坚固，则有可能采用爆破方法，这需要专业施工队来承担，并且必须经过主管部门的批准。

② 平整施工场地。拆除障碍物后，要根据设计总平面图确定的标高，通过测量方格网的高程（水平）基准点及经纬方格网，计算出挖方与填方的数量，按土方调配计划，进行挖、填、运土方施工。

③ 道路通。必须首先修通铁路专用线与公路主干道，使物资直接运到现场，尽量减少二次或多次转运。其次修通单位工程施工的临时道路（也尽可能结合永久性道路位置）。

④ 给水通。用水包括生产、消防、生活用水三部分。一般尽可能先建成永久给水系统，尽量利用永久性供排水管线。临时管线的铺设也要考虑节约的原则。整个现场排水沟渠也应修通。

⑤ 排水通。施工现场的排水也十分重要，特别是雨期，如场地排水不畅，会影响施工和运输的顺利进行。高层建筑的基坑深、面积大，施工往往要经过雨期，应做好基

坑周围的挡土支护工作，防止坑外雨水向坑内汇流，并做好基坑底部雨水的排放工作。

⑥ 排污通。施工现场的污水排放，直接影响城市的环境卫生，由于环境保护的要求，有些污水不能直接排放，需要处理后方可排放。

⑦ 用电通及电信通。供电包括施工用电及生活用电两部分。由于建筑工程施工供电面积大，起动电流大、负荷变化多和手持式用电机具多，施工现场临时用电要考虑安全和节能措施。开工前，要按照施工组织设计的要求接通电力和电信设施。电源首先考虑从国家供电网路中获得（需要有批准手续）。如果供电量不足，可考虑自行发电。

⑧ 燃气通。施工中如需要蒸汽、燃气、压缩空气等能源时，也应按施工组织设计要求，事先做好铺设管道等工作。

2）控制网建立。为了使建筑物或构筑物的平面位置和高程符合设计要求，施工前应按总平面图，设置永久性的经纬坐标桩及水平坐标桩，建立工程测量控制网，以便建筑物在施工前的定位、放线。

建筑物定位、放线，一般通过设计定位图中的平面控制轴线来确定建筑物四周的轮廓位置。按建筑总平面及给定的永久性的平面控制网和高程控制基桩进行现场定位和测量放线工作。重要建筑物必须由规划测绘部门定位和测量放线。这项工作是确定建筑物平面位置和高程的关键环节，测定经自检合格后，提交有关部门（规划、设计、建设、监理单位）验线，以保证定位、放线的准确性，并做好定位测量，放线、验线记录。沿红线（规划部门给定的建筑红线，在法律上起着建筑四周边界用地的作用）建的建筑物放线后，必须由城市规划部门验线，以防止建筑物压红线或超红线。

3）搭设临时设施。各种生产、生活需要的临时设施，包括各种仓库、搅拌站、预制构件厂（站场）、各种生产作业棚、办公用房、宿舍、食堂、文化设施等均应按施工组织设计规定的数量、标准、面积位置等要求组织搭设。现场所需的临时设施应报请市政、消防、交通、环保等有关部门审查批准。为了施工方便和行人安全，指定的施工用地四周应用围墙围护起来，在主要出入口处应设标牌，标明工程概况、建设、监理、设计、施工等单位负责人及施工平面图。

（5）季节性施工准备

建筑工程施工绝大部分是露天作业，因此季节因素对施工影响较大，特别是冬雨期，为保证按期、保质完成施工任务，必须按照施工组织设计要求，认真落实冬、雨、高温期施工项目的施工设施和技术组织措施。具体内容包括以下几方面。

1）冬期施工准备工作。

① 合理安排冬期施工的项目。冬期施工条件差、技术要求高，还需增加施工费用。因此，对一般不宜列入冬期施工的项目（如外墙的装饰工程），力争在冬期施工前完成，对已完成的部分要注意保护。

② 做好室内施工的保温。冬期来临前，应完成供热系统的调试工作，安装好门窗玻璃，以保证室内的其他施工项目能顺利进行。

③ 做好冬期施工期间材料和机具的储备。在冬期来临之前，储存足够的物资，有利于节约冬期施工费用。

④ 做好冬期施工的检查和安全防范工作。加强冬季防火保安措施。对现场火源要

加强管理；使用天然气、煤气时，要防止爆炸；使用焦炭炉、煤炉或天然气、煤气时，应注意通风换气，防止煤气中毒。

2）雨期施工准备工作。

① 合理安排雨期的施工项目。在施工进度安排上注意晴、雨结合，如雨天可做室内装饰等；不宜在雨天施工的项目，应安排在雨季之前或之后进行。

② 做好施工现场的排水防洪准备工作。无论是新建工程还是改造工程，都需要在雨期来临之前，做好主体结构的屋面防水工作。

③ 做好物资、材料的储存工作。

④ 做好机具设备的保护工作。机械设备要注意防止雨淋湿，必须安装漏电保护器，安全接地。

⑤ 加强雨期施工的管理。对施工人员进行安全教育，避免各种事故的发生。

3）夏季施工准备。

① 夏季施工条件差、气温高、干燥，针对夏季施工这一特点，对于安排在夏季施工的项目，应编制夏季施工的施工方案及采取的技术措施。例如，对于大体积混凝土在夏季施工，必须合理选择浇筑时间，做好测温和养护工作，以保证大体积混凝土的施工质量。

② 夏季经常有雷雨，工地现场应有防雷装置，特别是高层建筑和脚手架等要按规定设临时避雷装置，并确保工地现场用电设备的安全运行。

③ 夏季施工还必须做好施工人员的防暑降温工作，调整作息时间，从事高温工作的场所及通风不良的地方应加强降温和通风措施，做到安全施工。

为了落实各项施工准备工作，加强检查和监督，必须根据各项施工准备的内容、时间和人员，编制出施工准备工作计划，该计划见表3-4。

表 3-4 施工准备工作计划表

序号	施工准备项目	简要内容	负责单位	负责人	起止时间		备注
					月　日	月　日	

3. 编制资源需用量计划

单位工程施工进度计划编制确定以后，便可编制劳动力需要量计划；编制主要材料、预制构件、门窗等的需用量和加工计划；编制施工机具及周转材料的需用量和进场计划。它们是做好劳动力与物资的供应、平衡、调度、落实的依据，也是施工单位编制施工作业计划的主要依据之一。以下简要叙述各计划表的编制内容及其基本要求。

（1）劳动力需要量计划

劳动力需要量计划反映单位工程施工中所需要的各种技术工人、普工人数。一般要求按月、分旬编制计划。其主要根据确定的施工进度计划编制，其方法是按进度表上每天需要的施工人数，分工种进行统计，得出每天所需工种及人数、按时间进度要求汇总编出，其表格形式参见表 3-5。

表 3-5　劳动力需要量计划

序号	工种名称	人数	月			月			月			月		
			上	中	下	上	中	下	上	中	下	上	中	下

（2）主要材料需要量计划

主要材料需要量计划是根据施工预算、材料消耗定额和施工进度计划编制的，主要反映施工过程中各种主要材料的需要量，作为备料、供料和确定仓库、堆场面积及运输量的依据，其表格形式参见表 3-6。

表 3-6　主要材料需要量计划

序号	材料名称	规格	需要量		需要时间									备注
					月			月			月			
			单位	数量	上	中	下	上	中	下	上	中	下	

（3）施工机具需要量计划

施工机具需要量计划是根据施工预算、施工方案、施工进度计划和机械台班定额编制的，主要反映施工所需机械和器具的名称、型号、数量及使用时间，其表格形式参见表 3-7。

表 3-7　施工机具需要量计划

序号	机具名称	型号	单位	需用数量	进退场时间	备注

（4）预制构件需要量计划

预制构件需要量计划是根据施工图、施工方案及施工进度计划要求编制的，主要反映施工中各种预制构件的需要量及供应日期，并作为落实加工单位及按所需规格、数量和使用时间组织构件进场的依据，其表格形式参见表 3-8。

表 3-8　预制构件需要量计划

序号	构件名称	编号	规格	单位	数量	要求进场时间	备注

3.6　单位工程施工平面图

施工平面图是施工过程空间组织的具体成果，也是根据施工过程空间组织的原则，对施工过程所需的工艺路线、施工设备、原材料堆放、动力供应、场内运输、半成品生产、仓库、料场、生活设施等进行空间特别是平面的科学规划与设计，并以平面图的形式加以表达。施工平面图绘制的比例一般为（1∶200）～（1∶500）。

施工平面图是单位工程施工组织设计的重要组成部分，是进行施工现场布置的依据，也是施工准备工作的一项重要内容。施工现场布置直接影响能否有组织、按计划地进行文明施工、节约并合理地利用场地、减少临时设施费用等问题，所以，施工平面图的合理设计具有重要的意义。施工平面图要根据拟建工程的规模、施工方案、施工进度及施工生产中的需要，结合现场的具体情况和条件，对施工现场做出规划、部署和具体安排。

不同的工程性质和不同的施工阶段，各有不同的施工特点和要求，对现场所需的各种施工设备，也各有不同的内容和要求。因此，不同的施工阶段（如基础阶段施工和主体阶段施工）可能有不同的现场施工平面图设计。

3.6.1　单位工程施工平面图的设计依据

单位工程施工平面图应根据施工方案和施工进度计划的要求进行设计。施工设计人员必须在施工现场取得施工环境第一手资料的基础上，认真研究相关资料，然后才能做出施工平面图设计方案。设计依据的相关资料如下。

1）施工组织总设计文件与原始资料。

2）建筑总平面图。

3）已有和拟建的地上、地下管道布置资料。

4）建筑区域场地的竖向设计资料。

5）各种材料、半成品、构件等的物资需要量计划。

6）建筑施工机械、模具、运输工具的型号和数量。

7）建设单位可为施工提供原有房屋及其他生活设施的情况。

8）各类临时设施的布置要求（性质、形式、面积和尺寸等）。

3.6.2　单位工程施工平面图的设计内容

单位工程施工现场平面图是用以指导单位工程施工的现场平面布置图，它涉及与单位工程有关的空间问题，是施工总平面图的组成部分。单位工程施工平面图设计的主要依据是单位工程的施工方案和施工进度计划，一般按（1∶100）～（1∶500）的比例绘制。一般施工现场平面布置图应包括以下内容。

1）建筑总平面图上已建和拟建的地上、地下的一切建筑物、构筑物及其他设施的位置和尺寸。

2）测量放线标桩位置、地形等高线和土方工程的弃土及取土地点等的有关说明。

3）起重机的开行路线及垂直运输设施的位置。

4）材料、加工半成品、构件和机具的仓库或堆场。

5）生产、生活用品临时设施，如搅拌站、高压泵站、钢筋棚、木工棚、仓库、办公室、供水管、供电线路、消防设施、安全设施、道路及其他需搭建或建造的设施。

6）场内施工道路与场外交通的连接情况。

7）临时给排水管线、供电管线、供气供暖管道及通信线路布置。

8）所有安全及防火设施的位置。

9）必要的图例、比例尺、方向及风向标记。

施工平面图的内容可根据建筑总平面图、施工图、现场地形图、现有水源、场地大小、可利用的已有房屋和设施、施工组织总设计、施工方案、进度计划等，经过科学的计算和优化，并遵照国家有关规定进行设计。

3.6.3　单位工程施工平面图设计的基本原则

1）在满足施工条件下，布置要紧凑，尽可能地减少施工用地。特别应注意不占或少占农田。

2）合理布置运输道路、加工厂、搅拌站、仓库等的位置，最大限度地减小场内材料运输距离，特别是减少场内二次搬运。

3）力争减少临时设施的工程量，降低临时设施费用。尽可能利用施工现场附近的原有建筑物作为施工临时设施。

4）利于工人生产和生活，符合安全、消防、环境保护和劳动保护的要求。

3.6.4　单位工程施工平面图的设计步骤和要点

单位工程施工平面图的设计步骤如图 3-2 所示。

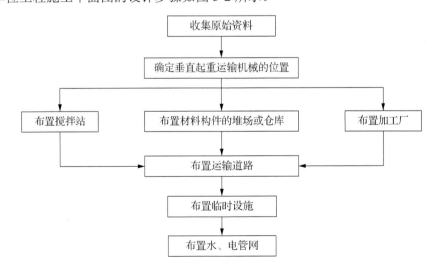

图 3-2　单位工程施工平面图的设计步骤

1. 收集原始资料

施工平面图设计时应依据以下资料。

1）建筑总平面图、施工总平面图、施工图纸。

2）现场地形图，包括一切已有的有关建筑物和拟建建筑物及地下设施的位置、标高、尺寸。

3）本工程施工方案、施工方法、施工进度计划。

4）各种建筑材料、半成品的供应计划及运输计划。

5）各种临时设施的性质、形式、面积和尺寸。

6）各种加工厂规模、现场施工机械和运输工具的数量。

7）水源、电源及建筑区域的竖向设计资料。

8）与本工程有关的设计资料等。

2. 确定垂直起重运输机械的位置

垂直运输设备的位置影响着仓库、料堆、砂浆、混凝土搅拌站的位置及场内道路和水、电管网的布置。

布置固定垂直运输机械设备（如井架、龙门架等）的位置时，必须根据建筑物的平面形状，施工段的划分，高度及材料、构件的质量，考虑机械的起重能力和服务范围，做到便于运输材料，便于组织分层分段流水施工，使运距最小。布置时应考虑以下几个方面。

1）各施工段高度相近时应布置在施工段的分界线附近，高度相差较大时应布置在高低分界线较高部位一侧，以使楼面上各施工段水平运输互不干扰。

2）井架的位置布置在有窗口之处为宜，以避免砌墙留槎和减少井架拆除后的修补工作。

3）固定式起重运输设备中卷扬机的位置不应距离起重机过近，以便司机的视线能看到整个升降过程。一般要求此距离大于建筑物的高度，距外脚手架 3m 以上。塔式起重机是集起重、垂直提升、水平输送三种功能于一体的机械设备。按其在工地上使用架设的要求不同可分为固定式、轨行式、附着式、内爬式四种。

塔式起重机的布置位置主要根据建筑物的平面形状、尺寸，施工场地的条件及安装工艺来定。要考虑起重机能有最大的服务半径，使材料和构件获得最大的堆放场地并能直接运至任何施工地点，避免出现"死角"。当在塔式起重机的起重臂操作范围内有架空电线等通过时，应特别注意采取安全措施，并应尽可能地避免交叉。

有轨式起重机的轨道一般沿建筑物的长向布置，其位置和尺寸取决于建筑物的平面形状和尺寸、构件自重、起重机的性能及四周施工场地的条件。通常轨道布置的方式有四种，即单侧布置、双侧布置、跨内单行布置和跨内环形布置，如图3-3所示。当建筑物宽度较小、构件自重不大时，可采用单侧布置方式；当建筑物宽度较大，构件自重较大时，应采用双侧布置或环形布置方式。

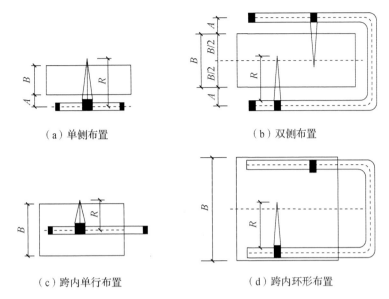

（a）单侧布置　　　　　　　　　（b）双侧布置

（c）跨内单行布置　　　　　　　（d）跨内环形布置

图 3-3　塔式起重机的布置方式

A——轨道中心线至建筑物外檐边的净距；B——建筑物净宽；R——起重机的回转半径

当塔式起重机轨道路基在排水坡下方时，应在其上游设置挡水堤或截水沟将水排走，以免雨水冲坏轨道及路基。

轨道布置完成后，应绘制出塔式起重机的服务范围。以轨道两端有效端点的轨道中点为圆心，以最大回转半径为半径画出两个半圆，连接两个半圆，即为塔式起重机的服务范围，如图 3-4 和图 3-5 所示。

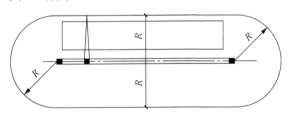

图 3-4　塔式起重机的服务范围（1）

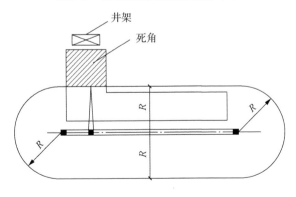

图 3-5　塔式起重机的服务范围（2）

单层装配式工业厂房构件的吊装，一般采用履带式或轮胎式起重机进行节间吊装，有时也利用塔式起重机配合吊天窗架、大型屋面板等构件。采用履带式或轮胎式起重机吊装时，开行路线及停机位置主要取决于建筑物的平面布置、构件自重、吊装高度和吊装方法等，平面布置是否合理，直接影响起重机的吊装速度。施工总平面布置，要考虑构件的制作、堆放位置，并适合起重机的运行与吊装，保证起重机按程序流水作业，减少吊车走空或窝工。起重机运行路线上，地下、地上及空间的障碍物，应提前处理或排除，防止发生不安全的事故。

3. 布置搅拌站、加工厂、各种材料和构件的堆场或仓库的位置

垂直运输采用塔式起重机时，搅拌站、加工厂、各种材料和构件的堆场或仓库的位置应尽量靠近使用地点或在塔式起重机的服务范围之内，并考虑运输和装卸的方便。

搅拌站的位置应尽量靠近使用地点或靠近垂直运输设备，力争熟料由搅拌站到工作地点的运距最短。有时在浇筑大型混凝土基础时，为了减少混凝土运输，可将混凝土搅拌站直接设在基础边缘，待基础混凝土浇筑完后再转移。砂、石堆场及水泥仓库应紧靠搅拌站布置。

同时，搅拌站的位置还应考虑使这些大型材料的运输和装卸较为方便。当前，利用大型搅拌站集中生产混凝土，用罐车运至现场，可节约施工用地，提高机械利用率。

材料、构件的堆放应尽量靠近使用地点，并考虑运输及卸料的方便，底层以下用料可堆放在基础四周，但不宜离基坑、槽边太近，以防塌方。当采用固定式垂直运输设备时，材料、构件堆场应尽量靠近垂直运输设备，以缩短地面水平运距；当采用轨道式塔式起重机时，材料、构件堆场及搅拌站出料口等，均应布置在塔式起重机有效起吊的服务范围之内；当采用无轨自行式起重机时，材料、构件堆场及搅拌站的位置，应沿着起重机的开行路线布置，且应在起重臂的最大起重半径范围之内。

构件的堆放位置应考虑安装顺序。先吊的放在上面、前面，后吊的放在下面。构件进场时间应与安装进度密切配合，力求直接就位，避免二次搬运。

加工厂（如木工棚、钢筋加工棚）的位置，宜布置在建筑物四周稍远位置，且应有一定的材料、成品的堆放场地；石灰仓库、淋灰池的位置应靠近搅拌站，并设在下风向；沥青堆放场及熬制锅的位置应远离易燃物品，也应设在下风向。

4. 布置运输道路

场内道路的布置，主要是满足材料构件的运输和消防的要求。这样就应使道路连通到各材料及构件堆放场地，并离它越近越好，以便装卸。消防对道路的要求，除了消防车能直接开到消火栓处之外，还应使道路靠近建筑物、木料场，以便消防车能直接进行灭火抢救。

布置道路时还应注意以下几方面的要求。

1）尽量使道路布置成直线，以提高运输车辆的行车速度，并应使道路形成循环，以提高车辆的通过能力。

2）应考虑下一期开工的建筑物位置和地下管线的布置。道路的布置要与后期施工

结合起来考虑，以免临时改道或道路被切断影响运输。

3）布置道路应尽量把临时道路与永久道路相结合，即可先修永久性道路的路基，作为临时道路使用，尤其是需修建场外临时道路时，要着重考虑这一点，可节约大量投资。在有条件的地方，可以把永久性道路的路面也事先修建好，更有利于运输。

5. 布置临时设施

为了服务于建筑工程的施工，工地的临时设施应包括行政管理用房、料具仓库、加工间及生活用房等几大类。现场原有的房屋，在不妨碍施工的前提下，符合安全防火要求的，应加以保留利用；有时为了节省临时设施面积，可先建造小区建筑中的附属建筑的一部分，建后先作为施工临时用，待整个工程施工完毕后再进行移交；如所建的单位工程是处在一个大工地，有若干个栋号同时施工，则可统一布置临时设施。

通常办公室应靠近施工现场，设在工地出入口处。工人休息室应设在工人作业区，宿舍应布置在安全的上风口。生活性与生产性临时设施应有明显的划分，不要互相干扰。

6. 布置水、电管网

供水管道一般从建设单位的干管或自行布置的干管接到用水地点，同时应保证管网总长度最短。管径的大小和出水龙头的数目及设置，应视工程规模的大小通过计算确定。管道可埋于地下，也可铺于路上，根据当地的气候条件和使用期限的长短而定。

临时水管最好埋设在地面以下，以防汽车及其他机械在上面行走时压坏。严寒地区应埋设在冰冻线以下，明管部分应做保温处理。工地临时管线不要布置在第二期拟建建筑物或管线的位置上，以免开工时水源被切断，影响施工。

临时施工用水管网布置时，除了要满足生产、生活的要求外，还要满足消防用水的要求，并设法使管道铺设得越短越好。

根据实践经验，一般面积为 5000～10000m^2 的单位工程施工用水的总管用 □100mm 管，支管用 □38mm 或 □25mm 管，□100mm 管可用于消火栓的水量供给。施工现场应设消防水池、水桶、灭火器等消防设施。单位工程施工中的防火，一般用建设单位的永久性消防设备。若为新建企业，则根据全工地的施工总平面图考虑。一般供水管网形式分为以下几种。

1）环形管网。管网为环形封闭形状，其优点是能够保证可靠地供水，当管网某一处发生故障时，水仍能沿管网其他支管供水；缺点是管线长，造价高，管材耗量大。

2）枝形管网。管网由干线及支线两部分组成。管线长度短，造价低，但供水可靠性差。

3）混合式管网。主要用水区及干管采用环形管网，其他用水区采用枝形支线供水，这种混合式管网，兼备两种管网的优点，在大工地中采用较多。

特别提示

一般单位工程的管网布置，可在干线上采用枝形支线供水的布置。但干线如是全工地用的，最好采用环形管网供水。

施工现场用的变压器，应布置在现场边缘高压线接入处，四周设置铁丝网等围栏。

变压器不宜布置在交通要道口；配电室应靠近变压器，便于管理。

现场架空线必须采用绝缘铜线或绝缘铝线。架空线必须设在专用电杆上，并布置在道路一侧，严禁架设在树木、脚手架上。现场正式的架空线、工期超过半年的现场，必须按正式线架设，与施工建筑物的水平距离不小于 10m，与地面的垂直距离不小于 6m，跨越建筑物或临时设施时，与其顶部的垂直距离不小于 2.5m，与树木的距离不应小于1m。架空线与杆的间距一般为 25～40m，分支线及引入线均应从杆上横担处连接。

施工现场临时用电线路布置一般有两种形式。

1）枝状系统：按用电地点直接架设干线与支线。其优点是省线材、造价低；缺点是线路内如发生故障断电，将影响其他用电设备的使用。因此，对需要连续供电的机械设备（如水泵等），则应避免使用枝形线路。

2）网状系统：即用一个变压器或两个变压器，在闭合线路上供电。在大工地及起重机械（如塔式起重机）多的现场，最好用网状系统，既可以保证供电，又可以减少机械用电时的电压。

以上是单位工程施工平面图设计的主要内容及要求。设计中，还应参考国家及各地区有关安全消防等方面的规定，如各类建筑物、材料堆放的安全防火间距等。此外，对较复杂的单位工程，应按不同的施工阶段分别设计施工平面布置图。

3.7 单位工程施工组织设计编制实例

3.7.1 工程概况

1. 工程特点

本工程为××大学教工宿舍楼，由八层四单元组成的砖混结构，长 55.44m、宽 14.04m，建筑面积为 5612m^2，层高 3m，室内外地坪高差为 0.75m，室内 ±0.00 相对于绝对高程 34.50m，工程总造价为 380 万元。其标准单元平面图、剖面图如图 3-6 所示。

本工程按"初装饰"标准考虑，楼地面均为水泥砂浆地面；厨房、厕所为 1.8m 水泥砂浆墙裙，其他内墙面及天棚为混合砂浆；外墙面为水刷石；屋面为二布三油防水层，上做 40mm 厚 C20 细石混凝土刚性防水上人屋面。

本工程为八层 7 度抗震设防砖混结构。其基础埋深为-3.00m，为钢筋混凝土带形基础；主体结构为 240 砖墙承重，一、二层为 M10 混合砂浆砌 MU20 页岩砖，三至八层为 M5.0 混合砂浆砌 MU10 机制红砖，层层设置圈梁，内外墙交接处及外墙转角处均设240mm×240mm 构造柱；除厨房、厕所为现浇板外，其余楼面和屋面均为预应力空心板；现浇钢筋混凝土楼梯；屋面设有钢筋混凝土水箱等。

2. 地点特征

本工程属校内建筑，位于教师生活区内，西面、北面均为已建永久性宿舍，东面濒临围墙，南面距本工程 25～40m 为福利活动中心。

本工程地基土为黏土层，地基承载力为 300kN/m^2，-3.5m 以上无地下水。

3．施工条件

本工程现场"三通一平"工作已由建设单位完成；施工用水、用电均可从施工现场附近引入；建筑施工材料、构件均可以从现有校内道路运入；全部预制构件均可在附近预制厂制作，运距约为 15km。其合同工期为 172d，从 2019 年 3 月 1 日开工，至 2019 年 8 月 17 日竣工。

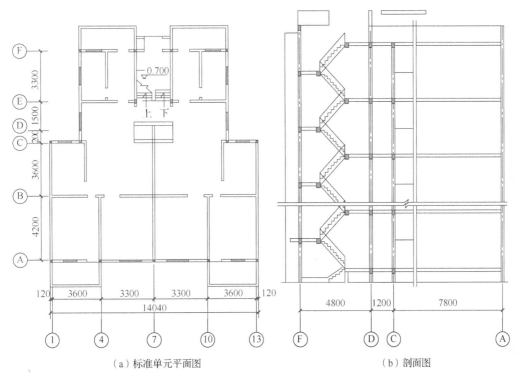

（a）标准单元平面图　　　　　　　　　（b）剖面图

图 3-6　××大学教工宿舍楼

该地区三月份平均气温约为 20℃，以后逐月上升，七、八月份的气温比较高，最高气温约为 39℃；四月中旬开始为雨季，施工期内约有 20d 雨天；主导风向为偏北风，最大风力为六级。

3.7.2　施工方案和施工方法

1．施工方案

1）施工顺序。本工程为砖混结构，其总体施工顺序：基础工程—主体结构工程—屋面工程—室内外装饰工程。其中，水、电、卫安装工程配合进行。

2）施工流向。

① 基础工程：按两个单元为一段，分东、西两段流水，自西向东流向。各施工过程流水节拍为 4d。

② 主体结构工程：每层按两个单位为一段，八层共 16 个流水段。每段砌墙流水节

拍为 5d；现浇混凝土（圈梁，梁、板、柱及楼梯）为 3～4d；铺板为 1d。

③ 屋面工程：屋面工程不分段，整体施工。

④ 室内外装饰工程：室外装饰自上而下，每层楼按 3d 控制；室内粉刷按两个单元为一段进行流水施工，采用水平向下的施工流向，共 16 段流水，每段按 3d 控制，其他各过程 1d 一段。

⑤ 水电安装工程：按土建施工进度要求配合施工。

2. 施工方法

1）基础工程。基础工程包括挖土、浇筑混凝土垫层、浇筑钢筋混凝土带形基础、砌砖基础、回填土五个施工过程。

本工程采用人工挖土，放坡按 1∶0.75 考虑。为节约垫层及钢筋混凝土带形基础支模，减少土方量，其混凝土采用原槽浇捣。砌砖基础时，严格要求立皮数杆控制标高。基槽土方回填采用两边对称回填，土方回填至较设计室外地平面高出 0.15m 处。多余土方量在开挖时用双轮手推车运至西南面约 150m 低洼处。

2）主体结构工程。主体结构工程主要包括绑扎构造柱钢筋，砌墙，支模，绑扎圈梁、梁、板钢筋，现浇混凝土，铺楼板等主要工序。其中，砌砖墙为主导施工工序，其他工序均按相应工程量配备劳动力，在 5d 内完成，保证瓦工连续施工。

本工程垂直运输采用两台井架运输设备，外墙脚手架采用钢管扣件双排脚手，内墙采用平台式脚手架。砌筑墙体采用"三一"砌筑法，立皮数杆，严格控制窗台、门窗上口高度，纵横墙同时砌筑；不能同时砌筑时，一律留踏步槎，不准留直槎。现浇混凝土采用钢模板，钢管支撑。

3）屋面工程。屋面工程包括 1∶12 水泥膨胀珍珠岩保温隔热层，1∶3 水泥砂浆找平层，二布三油防水层及 40mm 厚 C20 细石混凝土刚性防水上人屋面。

屋面水箱及女儿墙完成后，在屋面板上做 1∶12 水泥膨胀珍珠岩找坡保温隔热层，坡度为 2%，最薄处 40mm 厚。再做 15mm 厚 1∶3 水泥砂浆找平层。

待找平层含水率降至 15%以下时，再在上面做二布三油防水层。铺贴时，应沿屋面长度方向铺贴，雨水口等部位先贴附加层。

做 40mm 厚 C20 细石混凝土刚性防水上人屋面时，注意沿分仓缝处将 ϕ4mm 钢筋网剪断，分仓缝留成 20mm×40mm 的分格缝；要求木条泡水预埋，待混凝土初凝后取出，缝内嵌填热沥青油膏。由于做刚性屋面时正值夏季，气温较高，应在细石混凝土浇筑后 8h 内进行屋面灌水养护。

4）室内外装饰工程。室外装饰主要包括外墙粉刷、水落管、散水等。室内装饰主要包括安装门窗框扇、楼地面、墙面、天棚及刷白、门窗玻璃油漆等。

本工程装饰采用两台井架作为垂直运输工具，水平运输采用双轮手推车。由于本方案内外装饰均采用自上而下的流向施工，考虑抹灰工的劳动力因素，决定采取先内墙抹灰，后外墙抹灰施工，室内先地面后墙面的施工方法。抹灰砂浆从每层单元南面阳台运入，待内墙面抹灰完成后，封砌阳台半砖栏板墙，支扶手模板、绑扎钢筋、浇筑混凝土并做外装饰。外装饰利用砌筑时设置的双排钢管外脚手架，按自上而下的流向施工。

5）水电安装工程。水电安装工程要求由水电安装队负责，与土建密切配合进行施工。

3.7.3　劳动力、施工机具、主要建筑材料需要量计划

本工程劳动力、施工机具、主要建筑材料需要量计划分别见表 3-9～表 3-11。

表 3-9　劳动力需要量计划

项次	工种	所需工日	各月所需工日数					
			3 月	4 月	5 月	6 月	7 月	8 月
1	普工	390	390	—	—	—	—	—
2	木工	2150	280	740	740	390	—	—
3	钢筋工	420	78	144	144	54	—	—
4	混凝土工	1306	243	448	448	167	—	—
5	瓦工	3740	611	1410	1410	309	—	—
6	抹灰工	7136	—	—	—	3238	2624	1274
7	架子工	241	32	65	65	42	21	16

表 3-10　施工机具需要量计划

项次	机械名称	规格	单位	数量	备注
1	卷扬机	JJM3	台	2	—
2	混凝土搅拌机	JG250	台	1	—
3	砂浆搅拌机	BJ-200	台	1	—
4	打夯机	HW-01	台	1	—
5	平板振动器	PZ-50	台	1	—
6	插入式振动器	HZ6-70	台	2	—
7	钢筋切断机	GJ5-40	台	1	—
8	钢筋成形机	GJ7-45	台	1	—
9	电焊机	BX1-330	台	1	—
10	圆锯	MJ109	台	1	—

表 3-11　主要建筑材料需要量计划

项次	材料名称	单位	数量	备注
1	水泥	t	1022	
2	砂子	m³	2256	
3	石子	m³	1160	
4	钢筋	t	114	
5	木材	m³	220	
6	页岩砖	千块	325	
7	红砖	千块	924	××页岩砖厂
8	石灰膏	m³	135	
9	珍珠岩	m³	114	
10	石油沥青	t	5.40	
11	建筑油膏	t	2.80	
12	平板玻璃	m²	980	
13	白水泥	t	3.50	

3.7.4 施工平面图

本工程施工平面图如图 3-7 所示。

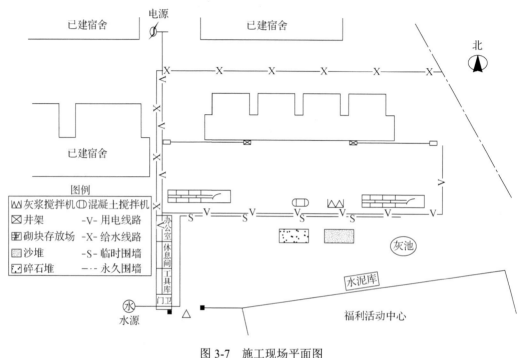

图 3-7　施工现场平面图

3.7.5 质量和安全及文明施工措施

1. 质量措施

1）施工前，认真做好技术交底。各分项工程均应严格执行施工及验收规范。

2）严格执行各项质量检验制度。施工时，在各施工班组自检、互检、交接检查的基础上，分层分段验收并评定质量等级，及时办理各种隐蔽工程验收手续。

3）严格执行原材料检验及试配制度。所有进场材料、构件、成品及半成品应有合格证，并做必要的抽查检验、适配。

4）砖砌体采用"三一"砌墙法，施工时严格按操作方法和要求进行，必要时派专人指导。

5）做好成品的保护工作。

6）全面实行质量管理，开展质量控制（quality control，QC）小组活动，专业工种严格执行持证上岗制度。

2. 安全及文明施工措施

1）指派生产任务的同时必须做必要的安全交底。各工种操作人员必须严格执行安全操作规程。

2）高空作业时，外脚手架应设安全网，进入施工现场必须戴安全帽。

3）现场用电设备应安装漏电保护设施，加强管理及检查工作。

4）机械设备要有专职人员管理及操作。

5）工地应设置专职安全检查员。

6）配合校方做好现场文明施工。本工程位于教师生活区，必须做好施工场地内外环境卫生清洁及噪声污染控制工作。主要道路派专人清扫，夜间施工不宜超过 22:00。

思　考　题

1．什么是单位工程施工组织设计？

2．试述单位工程施工组织设计的编制依据和程序。

3．单位工程施工组织设计包括哪些内容？

4．工程概况及施工特点分析包括哪些内容？

5．施工方案包括哪些内容？

6．确定施工顺序应遵守的基本原则是什么？

7．确定施工顺序应具备哪些基本要求？

8．钢筋混凝土框架结构房屋的施工顺序是什么？

9．试述装配式单层工业厂房的施工顺序。

10．选择施工方法和施工机械应满足哪些基本要求？

11．主要分部分项工程的施工方法和施工机械选择如何确定？

12．试述技术措施的主要内容。

13．确保施工安全的措施有哪些？

14．现场文明施工应采取什么样的措施？

15．什么是单位工程施工进度计划？它有什么作用？

16．单位工程施工进度计划可分为几类？分别适用于什么情况？

17．单位工程施工进度计划的编制步骤是什么？

18．如何确定施工过程的延续时间？

19．资源需要量计划有哪些？

20．单位工程施工平面图包括哪些内容？

21．单位工程施工平面图的设计应遵循什么样的原则？

练　习　题

一、填空题

1．工程概况主要包括_____、_____和_____等。

2．建筑施工组织设计工程概况中的各专业设计简介主要包括_____、_____、
_____。

3. _____是单位工程施工组织设计的核心。

4. 单位工程施工一般应遵循先地下后地上、先土建后设备、_____、_____的原则。

5. 对于工业性建设项目，常采用先_____后_____的程序，也称为"封闭式"施工。

6. 对于建筑物外墙面的装饰抹灰或涂料等施工，宜采用_____的流向，以利于成品保护。

7. 多层混合结构房屋的施工，通常划分为_____、_____、屋面与装饰工程及房屋设备安装三个阶段。

8. 砖混结构采用现浇钢筋混凝土楼板施工时，浇楼板混凝土的紧前工作为_____，紧后工作为_____。

9. 高层现浇钢筋混凝土结构房屋的施工一般划分为_____、_____、_____和_____四个阶段。

10. _____是施工方案的核心内容。

11. 根据其作用不同，单位工程施工进度计划的类型包括_____和_____两种，其表达方式有_____和_____。

12. 施工进度计划一般采用劳动定额进行编制，该定额又分为_____和_____两种。

13. 劳动定额中的产量定额与时间定额互为_____关系。

14. 构配件需要量计划是根据施工图、_____和_____编制的。

15. 单位工程施工平面图设计的第一步是_____。

16. 选择塔式起重机要复核的三个服务参数包括_____、_____和_____。

17. 室外消火栓应沿消防车道或堆料场内交通道路的边缘设置，消火栓之间的距离不应大于_____m。

18. 季节性施工措施主要指_____和_____施工措施。

19. 单位工程施工平面图设计技术经济分析的方法有_____和_____。

二、单选题

1. 单位工程施工组织设计的编制对象是（　　）。

A．建设项目　　　　B．单项工程　　　　C．单位工程　　　　D．分部工程

2. 单位工程施工组织设计内容包括工程概况、施工方案及（　　）等方面内容。

A．施工进度计划表　　　　　　　　B．作业进度计划表

C．准备工作计划表　　　　　　　　D．加工供应计划表

3. 单位工程施工组织设计的编制程序中，顺序正确的是（　　）。

A．施工进度计划—施工方案—施工平面图

B．施工方案—施工进度计划—施工平面图

C．施工进度计划—施工平面图—施工方案

D．划分工序—计算持续时间—绘制初始方案—确定关键线路

4．单位工程施工组织设计的编制程序中，在编制施工准备工作计划与计算技术经济指标之间的工作是（　　　　）。

　　A．编制施工进度计划　　　　　　　　　　　B．编制运输计划

　　C．设计施工平面图　　　　　　　　　　　　D．计算工程量

5．工程概况中对建筑设计简介应简单描述的内容是（　　　　）。

　　A．建筑规模　　　　B．建筑功能　　　　C．建筑节能　　　　D．建筑装饰

6．下列选项中，（　　　　）是单位工程施工组织设计的核心。

　　A．工程概况　　　　　　　　　　　　　　　B．施工方案

　　C．施工平面图　　　　　　　　　　　　　　D．施工进度计划

7．以下施工顺序中，有利于成品保护的是（　　　　）。

　　A．安装木门扇—室内外抹灰　　　　　　　B．安装塑料门窗—室内外墙面抹灰

　　C．铺设地毯—顶棚墙面裱糊　　　　　　　D．房间地面抹灰—楼道地面抹灰

8．单层装配式厂房的施工一般分为基础工程、构件预制工程、结构吊装工程、围护工程、（　　　　）设备安装五个阶段。

　　A．主体和结构　　　　B．结构和屋面　　　　C．屋面及装饰　　　　D．其他工程

9．单位工程控制性施工计划是以（　　　　）作为施工项目划分对象的。

　　A．分项工程　　　　B．分部工程　　　　C．施工过程　　　　D．施工工序

10．单位工程指导性施工计划是按（　　　　）划分施工过程的。

　　A．分项工程或施工工序　　　　　　　　　B．分部工程

　　C．单项工程　　　　　　　　　　　　　　　D．建设工程

11．某工程一砖外墙砌筑，其工程量为 $800m^3$，时间定额为 0.80 工日$/m^3$，则完成此项任务所需的劳动量为（　　　　）工日。

　　A．600　　　　　　　B．620　　　　　　　C．640　　　　　　　D．660

12．某工程需抹灰 $3000m^2$，时间定额为 0.05 工日$/m^2$，现有抹灰工 20 人，每天工作时间为 12h，该工作的持续时间为（　　　　）d。

　　A．2.5　　　　　　　B．5　　　　　　　　C．7.5　　　　　　　D．15

13．一项砖墙砌筑工程，在编制进度计划计算其施工持续时间时，应采用的方法是（　　　　）。

　　A．定额计算法　　　　　　　　　　　　　　B．经验估算法

　　C．倒排计划法　　　　　　　　　　　　　　D．现场测定法

14．劳动力不均衡系数是指施工期内（　　　　）之比。

　　A．高峰人数与最少人数　　　　　　　　　B．高峰人数与平均人数

　　C．平均人数与高峰人数　　　　　　　　　D．总用工与平均人数

15．编制施工进度计划时，其工期应控制在（　　　　）内。

　　A．最短工期　　　　B．规定工期　　　　C．定额工期　　　　D．计算工期

16．（　　　　）编制以后，即可着手编制施工准备工作计划和劳动力及物资需要量计划。

　　A．施工作业计划　　　　　　　　　　　　　B．施工进度计划

C. 年度施工计划　　　　　　　　　　　　　D. 季度生产计划

17. 劳动力需用量计划是（　　　）和组织劳动力进场的依据。

A. 制定施工方案　　　　　　　　　　　　　B. 确定工期

C. 编制进度计划　　　　　　　　　　　　　D. 布置临时设施

18. 施工平面图设计的基本原则之一就是在满足施工前提下，尽可能减少（　　　）。

A. 临时设施　　　　B. 施工人员　　　　C. 机械设备　　　　D. 施工用地

19. 塔吊布置最佳状况应使建筑物平面均在塔吊服务范围以内，避免出现（　　　）。

A. 活角　　　　　　B. 死角　　　　　　C. 吊角　　　　　　D. 斜角

20. 单位工程施工平面布置图绘制比例一般为（　　　）。

A.（1∶50）～（1∶100）　　　　　　　B.（1∶100）～（1∶200）

C.（1∶200）～（1∶500）　　　　　　　D.（1∶500）～（1∶1000）

三、多选题

1. 单位工程施工组织设计的主要内容有（　　　）。

A. 工程概况　　　　　B. 施工方案　　　　C. 施工总进度计划

D. 各项资源需求量计划　　　　　　　　　E. 施工平面图设计

2. 单位工程施工组织设计的编制依据包括（　　　）等。

A. 施工组织总设计

B. 有关的标准、规范和法律

C. 主要技术组织措施

D. 建设单位的意图和要求

E. 未经会审的施工图

3. 单位工程施工组织设计中的工程概况应包括（　　　）。

A. 工程主要情况　　　B. 施工方法　　　　C. 施工程序

D. 各专业设计简介　　E. 工程施工条件

4. 确定住宅建筑工程的施工程序时，应遵循（　　　）的原则。

A. 先准备后开工　　　B. 先主体后围护　　C. 先结构后装饰

D. 先设备后土建　　　E. 先地下后地上

5. 确定单位工程施工的起点和流向时，应考虑的主要因素包括（　　　）。

A. 生产工艺过程　　　　　　　　　　　　　B. 有利于缩短工期

C. 有高低跨时先低后高　　　　　　　　　　D. 便于布置临时设施

E. 技术复杂、进度慢、工程量大的先施工

6. 施工方案中，施工机械选择的原则是（　　　）。

A. 实际可能　　　　　B. 必须先进　　　　C. 切合需要

D. 修用结合　　　　　E. 经济合理

7. 单位工程控制性施工计划适用于（　　　）的工程。

A. 任务具体明确　　　　　　　　　　　　　B. 结构复杂规模较大

C. 工期较长需跨年施工　　　　　　　　　　D. 各项物资供应正常

E．施工条件基本落实

8．单位工程施工进度计划编制的步骤包括（ ）等。

A．确定施工项目　　B．计算工程量　　C．划分流水段

D．确定劳动量和机械台班量　　E．考虑施工准备时间

9．单位工程施工组织设计中，劳动力需要计划的作用主要是（ ）。

A．调配劳动力的依据　　　　　　B．施工平面图设计的依据

C．确定施工方案的依据　　　　　D．布置临时设施的依据

E．编制进度计划的依据

10．单位工程施工现场平面布置图的基本内容包括（ ）。

A．工程施工场地状况

B．拟建建筑物的位置、轮廓尺寸、层数等

C．相邻的地上、地下有建筑物及相关环境

D．施工准备与资源配置计划

E．施工现场必备的安全、消防、保卫和环境保护等设施

11．单位工程施工平面图设计的基本原则有（ ）。

A．确定起重机械的位置　　　　　B．尽可能减少临时设施的费用

C．最大限度减少场内二次搬运　　D．临时设施布置应方便生产和生活

E．少占或不占农田

12．单位工程施工平面图设计时，对现场搅拌站的布置要求包括（ ）。

A．尽可能布置在混凝土垂直运输机械附近

B．搅拌所用材料应围绕搅拌机布置，保证上料方便

C．大型搅拌材料应邻近道路，保证进料方便

D．搅拌机应露天设置

E．搅拌站附近应设置排水沟和污水沉淀池

13．单位工程施工组织设计中的技术与组织措施一般包括（ ）等几个方面。

A．保证质量措施　　B．安全施工措施　　C．降低成本措施

D．保证工期措施　　E．环境保护措施

14．对单位工程施工组织设计作技术经济分析时，应围绕（ ）三个主要方面。

A．质量　　　　　　B．安全　　　　　　C．工期

D．成本　　　　　　E．文明施工

15．单位工程施工组织设计的主要技术经济指标包含（ ）指标。

A．材料合格率　　　　　　　　　B．质量和安全

C．工程规模　　　　　　　　　　D．降低成本和节约材料

E．机械利用率和工时利用率

四、判断题

1．《建筑施工组织设计规范》（GB/T 50502—2009）是编制单位工程施工组织设计的依据之一。 （ ）

2．编制单位工程施工组织设计程序的第一步是选择施工方案和施工方法。（　　）

3．施工方案与施工部署只是概念不同，其内容完全一样。（　　）

4．先结构后装饰是对一般情况而言的，有时为了缩短工期，也可以部分搭接施工。
（　　）

5．多层砖混结构工程主体，结构施工的起点流向必须自下而上，平面方向则从任一边开始都可以。（　　）

6．施工机械的选择是施工方法选择的中心环节。（　　）

7．单位工程施工进度计划是控制各分部分项工程施工进程及总工期的主要依据。
（　　）

8．施工机械主要机具需求量计划表中必须包括进场日期。（　　）

9．工程规模大、结构复杂、工期较长的单位工程，应按不同的施工阶段设计施工平面图，一般按地基基础、主体结构、装修装饰和机电设备安装三个阶段分别绘制。
（　　）

10．施工现场临时供电线路应布置在起重机械的回转半径之内，且必须搭设防护栏。
（　　）

五、能力训练

1．某施工单位中标某市国际会议中心工程，该工程设计采用六层框架结构，层高4.5m，局部八层，总建筑面积为48000m²。开工前施工单位的技术人员拟定了本工程施工组织设计的编制程序，如图3-8所示。经总工程师的审查，发现程序中的编制顺序有不合理之处。

问题：

1）指出编制程序中的顺序不合理之处，并说明原因。

2）简述工程概况中工程主要情况的内容。

2．某建筑工程位于市区，建筑面积为20000m²，首层平面尺寸为24m×120m，施工场地较狭小。开工前，施工单位编制了施工组织设计文件，进行了施工平面图设计，其设计步骤如下：布置临时房屋—布置水电管线—布置运输道路—确定起重机的位置—确定仓库、堆场、加工场地的位置—计算技术经济指标。施工单位为降低成本，现场设置了3m宽的道路兼作消防通道。现场在建筑物对角方向各设置了一个临时消火栓，消火栓距离建筑物4m，距离道路3m。

问题：

1）该单位工程施工平面图的设计步骤是否合理？若不合理，正确的设计步骤是什么？

2）该工程的消防通道设置是否合理？试说明理由。

3）该工程的临时消火栓设置是否合理？试说明理由。

3．某超高层建筑位于街道转弯处，工程设计为剪力墙结构，抗震设计按8度设防。围护结构和内隔墙采用加气混凝土砌块。根据场地条件、周围环境和施工进度计划，本工程采用商品混凝土，预制构件现场加工，加工厂、堆放材料的临时仓库，以及水、电、动力管线和交通运输道路等各类临时设施均已布置完毕。

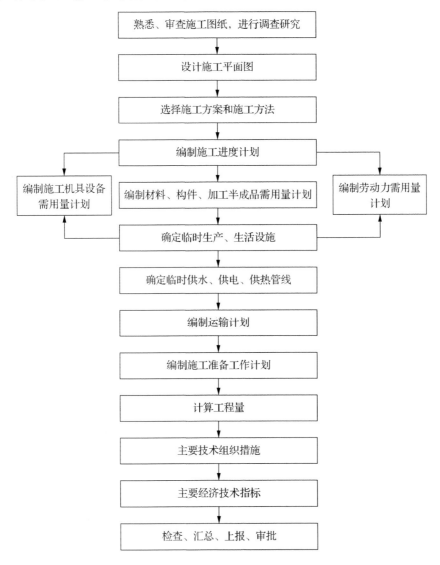

图 3-8　施工组织设计的编制程序

问题：

1）试述单位工程施工平面图布置的内容。

2）施工总平面图设计时，临时仓库和加工厂如何布置？

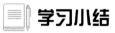 学习小结

单元 4

施工组织软件应用

教学目标

1）掌握软件的具体操作步骤，并对软件在实现项目管理功能方面有深刻的理解。

2）熟练使用软件对计量、计价、场地及进度模型进行整合，熟练使用软件进行施工流水段划分、进度管理、质量安全管理及成本管理。

教学要求

教学要点	技能要点	权重
建设工程流水段的划分	掌握软件的操作流程	20%
工程进度管理	了解进度管理在施工中的重要性，熟练使用软件进行模型进度关联，查看进度实施情况	30%
工程质量与安全管理	掌握软件中质量与安全问题的跟踪和管理	20%
工程成本管理	了解成本管理在施工中的重要性，熟练操作软件，查看资金曲线等	30%

思政导入

建筑信息模型（Building Information Modeling）是以建筑工程项目的各项相关信息数据作为模型的基础，进行建筑模型的建立，通过数字信息仿真模拟建筑物所具有的真实信息。它具有可视化，协调性，模拟性，优化性和可出图性等特点，在项目策划、设计、施工、运维的全生命周期过程中进行共享和传递，为各方建设主体提供协同工作的基础，在提高生产效率、节约成本和缩短工期方面发挥着重要作用。BIM（建筑信息模型）不是简单的将数字信息进行集成，而是一种数字信息的应用，并可以用于设计、建造、管理的数字化方法，在设计、施工、运维方面很大程度上改变了传统模式和方法。目前，我国已成为全世界 BIM 技术发展最快的国家之一。住房和城乡建设部发布的《2016-2020 年建筑业信息化发展纲要》提出"建筑企业应积极探索'互联网+'形势下管理、生产的新模式，深入研究 BIM、物联网等技术的创新应用，创新商业模式，增强核心竞争力，实现跨越式发展。"可见，BIM 技术被上升到国家发展战略层面，必将带来建筑行业广发而深刻的变革。"建筑施工组织"课程引入 BIM5D、三维场布等技术，实现传统施工模式的变革，使施工现场更智慧化是一种发展趋势。

施工组织软件学习启发学生们充分树立要坚持科技是第一生产力、人才是第一资源、创新是第一动力的思想理念，同学们通过对"施工组织软件应用"的学习，感受到科技创新带来的变革，培养学生职业的自主创新精神，感受到人人都有通过勤奋劳动实现自身发展的机会，激发学生科技报国的家国情怀和使命担当。

4.1　软件在施工组织设计管理中的应用概述

BIM 5D 软件是基于 BIM（building information model，建筑信息模型）的项目管理工具。它以 BIM 平台为核心，能够集成土建、机电、钢构等各专业模型，并以集成模型为载体，关联施工过程中的进度、成本、质量、安全、物料等信息，为项目的进度、成本管控、物料管理等提供数据支撑，协助项目管理人员进行有效的决策和精细管理。项目管理人员可以从中提取各类有效数据，全面地对整个项目工程进行分析，从而达到优化施工组织设计、提升项目管理质量的目的。

1. 软件特点

1）模型全面：可以集成土建、机电、钢筋、场布等全专业模型。
2）数据精确：依托广联达强大的工程算量核心技术，提供精确的工程数据。
3）制图高效：软件内包含曲线图、各类报表及饼图等图表类型，可快速制作精美的图表。
4）灵活实用：协助工程人员进行进度、成本管控。

2. 主要功能

1）数据导入：可快速地将各专业计量计价及其他非实体模型导入软件中，并可对过程中的部分数据进行输入。
2）模型整合：可以将各类型模型进行整合，将实体模型与进度模型、场地模型进行关联。
3）视图切换：可随时在模型视图、流水视图、施工模拟、物资查询、报表管理等视图界面之间进行切换，从不同角度观察、分析实际项目。
4）编辑处理：可随时添加、删除模型，实现或取消任务之间的关联，以及随时输入修改任务的实际时间等。
5）数据导出：可实现工程量等数据及数据报表的导出。
6）项目管理：通过关联施工过程中的进度、合同、成本、质量、安全、图纸、物料等信息，为项目提供数据支撑，实现有效决策和精细管理。

3. 软件的基本操作流程

软件的基本操作流程如图 4-1 所示。

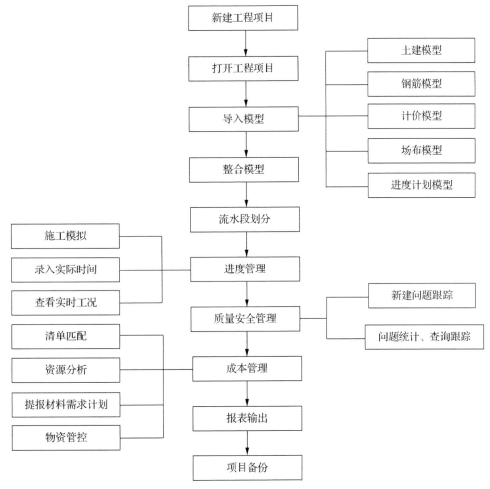

图 4-1 软件的基本操作流程

4.2 模型导入与整合

BIM 5D 软件将各专业计量、计价模型，各施工阶段场地模型，以及进度计划模型有效地整合到一个平台上，以国内建设行业项目管理中涉及的各方面内容为导向，使项目管理变得更加有效，并提升管理效率。通过各模型的整合与关联，有效检查出施工组织设计中的不足，实现优化施工组织设计、指导施工的目的。

1. 启动 BIM 5D 软件

直接双击桌面上的软件快捷图标即可启动 BIM 5D 软件，如图 4-2 所示。

图 4-2 软件快捷图标

2. 新建工程项目

启动 BIM 5D 软件后，便可进入图 4-3 所示的界面。

图 4-3　BIM 5D 软件界面

　　单击"新建工程"按钮，弹出"新建向导"对话框，如图 4-4 所示。输入工程名称及工程保存路径后，单击"下一步"按钮，进入项目信息界面，如图 4-5 所示。在项目信息界面中分别输入工程名称、工程地点、工程造价、建筑面积、开竣工日期（项目工期根据输入自动计算）、建设单位、设计单位及施工单位。例如，项目名称设置为"实例工程"，施工单位为×××建筑公司，设计单位为×××设计公司，建设单位为×××有限公司，开工日期为 2015-04-01，竣工日期为 2015-08-31，建筑面积为 4745.6m^2。该部分内容对于工程文件并不重要，其主要作用是使管理者对项目有一个最初始的了解。设置完成后单击"完成"按钮，即完成了新建一个项目的操作。

图 4-4　"新建向导"对话框

图 4-5　项目信息界面

3. 导入模型

新建项目完成后，系统默认打开了软件 BIM 5D 主页面，如图 4-6 所示。

图 4-6　BIM 5D 软件主页面

　　在软件的界面中包含基础应用、技术应用、商务应用三个方面的内容。在进行项目管理之前，首先要将已经编辑好的项目计量及各阶段的场地模型导入 BIM 5D 软件平台上并进行整合。

　　操作如下。

　　1）切换到基础应用中的"数据导入"，选择菜单栏中的"模型导入"选项卡，然后单击"新建分组"按钮（实现按专业管理模型文件；相同的可以在分组下单击"新建

下级分组"按钮，进行专业模型细化管理）建立土建、结构、机电三个分组，如图 4-7
所示。

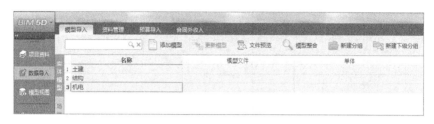

图 4-7　模型导入

2）选择专业名称，然后单击"添加模型"按钮，在弹出的"打开"对话框中选择
要添加的模型文件（分别按照专业找到相应的模型文件即可），然后单击"打开"按钮，
结果如图 4-8 所示。

图 4-8　添加实体模型

3）选择"场地模型"选项卡，进入场地模型载入界面，新建三个不同阶段的场地
模型分组，即基础阶段、主体阶段、粗装饰阶段，然后单击"添加模型"按钮分别载入
三个阶段的场地模型，如图 4-9 所示，完成模型的导入操作。

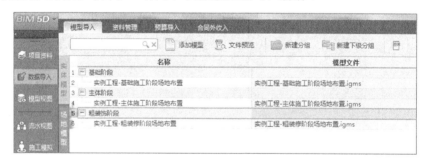

图 4-9　添加场地模型

4. 整合模型

将模型导入软件后，需要将实体模型与场地模型进行整合，使管理者可以纵观项目
全景。重新回到实体模型界面，选择"实体模型"选项卡，单击"模型整合"按钮，打
开"模型整合"窗口，如图 4-10 所示。

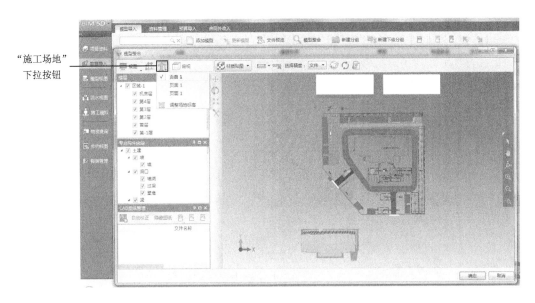

图 4-10　"模型整合"窗口

1）在"模型整合"窗口，选中全部楼层，显示出全部实体模型；然后单击"施工场地"下拉按钮，在弹出的下拉列表中选择其中的一个施工阶段的场地模型，使场地模型也同时显示。

2）单击"模型移动"按钮，然后选择场地模型中的一个基准点，对应移动到实体模型中相同位置的基准点上，单击"确定"按钮，如图 4-11 所示。

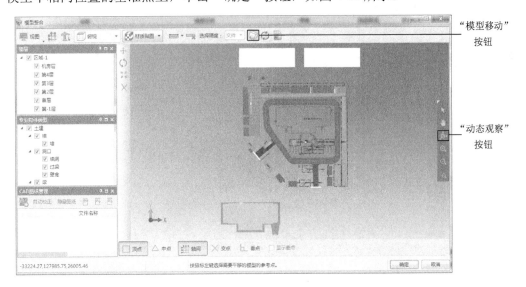

图 4-11　移动模型

3）重新打开"模型整合"窗口，单击"动态观察"按钮，然后拖动鼠标即可查看实体模型和场地模型结合的项目全景，如图 4-12 所示。

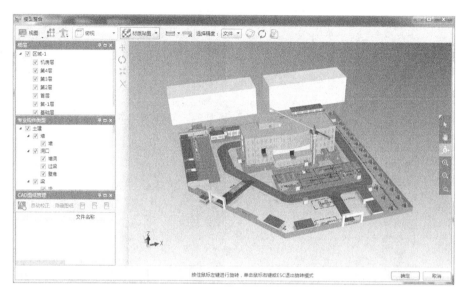

图 4-12 整合模型

重复上述操作，将每一阶段的场地模型与实体模型进行整合。同时，可把此图截取出来作为项目效果图添加至项目概况中。返回"项目资料"中的"项目概况"选项卡，选中"项目效果图"单选按钮，并单击"添加效果图"按钮，在弹出的"打开"对话框中选择"效果图"选项，单击"打开"按钮将全景图添加进去，如图 4-13 所示。

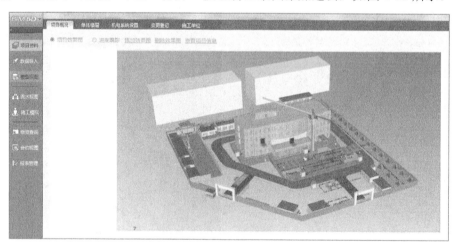

图 4-13 添加效果图

4.3 流水段的划分

在组织流水施工时，通常把施工对象划分为劳动量相等或大致相等的若干个段，这些段称为施工段。在划分施工段时，应考虑以下几点。

　　1）施工段的分界同施工对象的结构界限（温度缝、沉降缝和建筑单元等）尽可能一致。

　　2）各施工段上所消耗的劳动量尽可能相近。

　　3）划分的段数不宜过多，以免使工期延长。

　　4）对各施工过程均应有足够的工作面。

　　以某框剪结构工程为例，抗震等级二级，地下一层，地上四层，满堂基础，总建筑面积为 4745.6m²，檐口高度为 15.6m。将此工程分为以下流水段：基础层、地下-1 层作为整体进行施工；机房层作为整体进行施工，1～4 层流水段划分如图 4-14 所示。

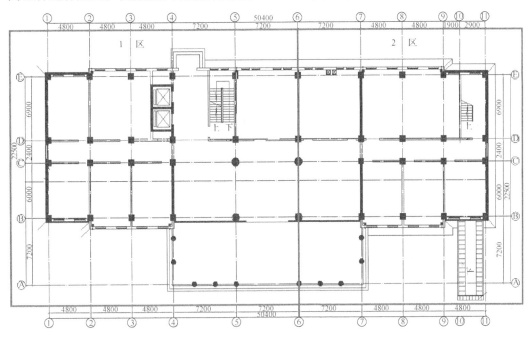

图 4-14　流水段划分

　　1．划分流水段

　　1）打开软件 BIM 5D 主界面，选中"流水视图"中的"流水段定义"单选按钮，并选择当前单体，如图 4-15 所示。

图 4-15　流水段定义

2）单击"自定义分类"按钮，弹出"新建分组"对话框，按楼层分组，并设置名称、专业、楼层，如图 4-16 所示，单击"确定"按钮，分组创建完成。

图 4-16　自定义分类

3）选中创建的分组，单击"新建流水段"按钮，弹出"流水段创建"窗口，如图 4-17 所示。

图 4-17　新建流水段

4）在"流水段创建"窗口中，输入流水段名称，绘制流水段范围，选中构件类型复选框，最后单击"应用"按钮，则流水段创建成功（若单击"应用并新建"按钮，则可以连续新建流水段；若依次单击"应用"按钮和"关闭"按钮，则关联构件并关闭"流水段创建"窗口），如图 4-18 所示。

5）将基础层的流水段编制完成后，重复上述操作，用同样的方法划分其他楼层的流水段，如图 4-19 所示。

2. 设置流水段

流水段创建完成后，可以进行流水段的显示设置，如调整颜色、线型、线宽等。单击图 4-18 中的"流水段显示设置"按钮，在弹出的"流水段显示设置"对话框中选择要设置的流水段，单击"确定"按钮即可，如图 4-20 所示。

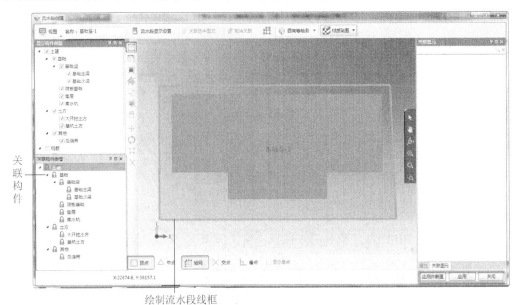

图 4-18　关联构件

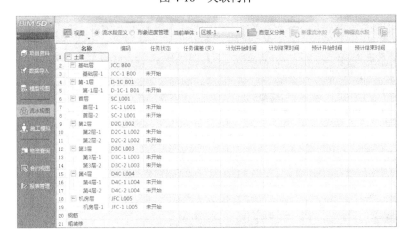

图 4-19　其他楼层流水段的划分

图 4-20　流水段显示设置

4.4　进 度 管 理

　　进度管理是项目管理中的重要组成部分，它是为了保证项目按期完成、实现预期目标而提出的。进度管理采用科学的方法确定项目的进度目标，编制进度计划和资源供应计划，进行进度控制，在与质量、费用目标相互协调的基础上实现工期目标。项目进度管理的最终目标通常体现在工期上，就是保证项目在预定的工期内完成。

　　为了方便协同工作，实现流水作业施工，项目人员可以在 BIM 5D 软件中导入任务，按分区划分流水段后与相应的任务项关联，并设置关联关系，进行模拟，分析计划的可行性，并调整计划。

　　1．导入 MS Project 进度计划

　　1）打开软件 BIM 5D 的主界面，选择"施工模拟"，进入计划进度关联界面，单击"导入计划"下拉按钮（图 4-21），在弹出的下拉列表中选择"导入 MS Project"选项，在弹出的"打开"对话框中找到计划所在的文件夹并选择后，单击"打开"按钮。

图 4-21　导入计划

　　2）在弹出的如图 4-22 所示的"导入进度计划"对话框中选中"计划时间"单选按钮，单击"确定"按钮，开始导入计划。

　　2．进度关联模型

　　1）进度计划导入成功后，需要将进度与模型中的构件进行关联。在计划中找到"土建"→"基础层"的相应计划，选择"基础层"中的"土方开挖、垫层

图 4-22　"导入进度计划"对话框

施工",然后单击"进度关联模型"按钮,如图 4-23 所示。

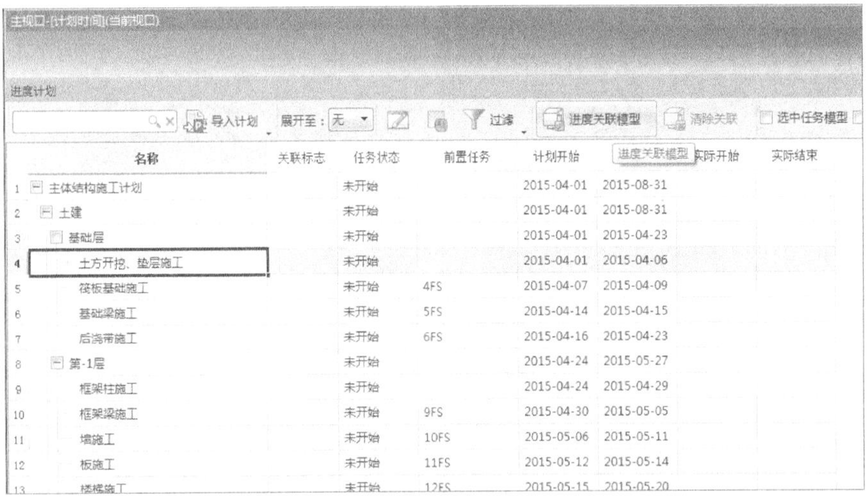

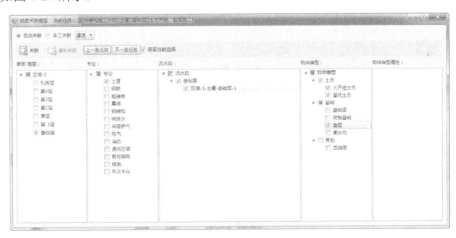

图 4-23　进度关联模型

2)在打开的相应的窗口中选中计划中相应"土方开挖、垫层施工"的楼层、专业、流水段、构件类型,单击"关联"按钮,并选中"保留当前选择"复选框,即可关联成功,如图 4-24 所示。

图 4-24　选择关联条件

3)单击图 4-24 所示窗口中的"下一条任务"按钮,对"基础层"中的"筏板基础施工"中的进度计划与模型进行关联,具体操作同步骤 2)。

4)相应的其他楼层的进度计划的操作同步骤 1)和步骤 2),完成进度计划与模型的关联,如图 4-25 所示。

5)关联成功后,可以通过选择"施工模拟"中的时间段,然后单击"播放"按钮来模拟工程的施工过程,如图 4-26 所示。

图 4-25　关联成功

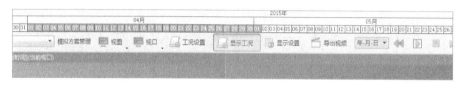

图 4-26　模拟施工

3. 进度跟踪与管控

进度计划与模型关联之后，可以通过输入各施工工序的实际开、竣工时间，清晰地看到项目施工的超前或滞后状况，并以此为依据，对后续的施工工序进度计划进行调整及优化。

1）打开软件 BIM 5D 的主界面，选择"流水视图"，创建的流水段会在"流水段定义"中显示，选择工作面，并选中"显示模型"复选框，可以显示该工作面挂接的模型，如图 4-27 所示。模型显示后，也提供了显示轴网、切换视角、钢筋三维等操作，如图 4-28 所示。

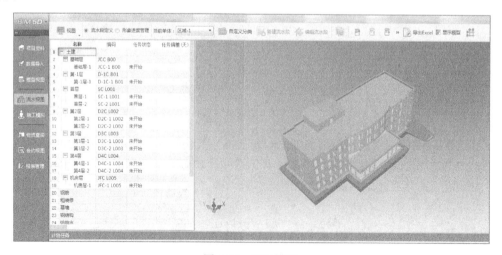

图 4-27　显示模型

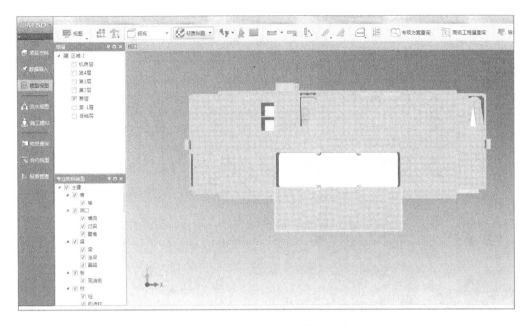

图 4-28　显示轴网、切换视角等

2）关联模型后，在"施工模拟"中的相应施工工序处输入该工序的实际时间，通过实际时间的输入，可以看出各个工序的任务状态，不同颜色代表不同的时间关系，如图 4-29 所示。

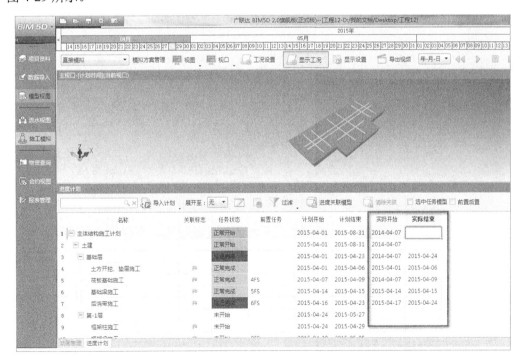

图 4-29　输入实际时间

3）时间输入完成后，即可在"流水段定义"中查看该流水段的工作情况，包含任务状态、任务偏差（天）、计划开始时间、计划结束时间、实际开始时间、实际结束时间等，如图 4-30 所示。同时，可以以饼图的形式显示该施工段的任务状态和详细的进度计划，如图 4-31 所示。

图 4-30　任务状态显示

图 4-31　施工状态的饼图形式

项目管理者可以根据前置工序的任务状态，调整后续的进度计划，以保证项目在总工期内顺利完成。

4.5　质量安全管理

质量安全管理同进度管理一样也是项目管理中的重要组成部分，现场的质量、安全问题涉及人员本身的利益，所以其采集、及时反馈及处理很重要。

工程项目管理中的质量安全责任人希望方便地采集现场质量安全问题，并实时快速反馈至相关处理责任人，通过 BIM 与现场质量、安全问题跟踪挂接。在跟踪过程中，问题处理参与方可以及时交换意见、留存记录，并且各方可实时关注问题状态，跟踪问题进展。

1. 新建问题跟踪

1）打开软件 BIM 5D 的主界面，单击"施工模拟"中的"视图"下拉按钮，在弹出的下拉列表中选择"问题跟踪"选项，如图 4-32 所示。

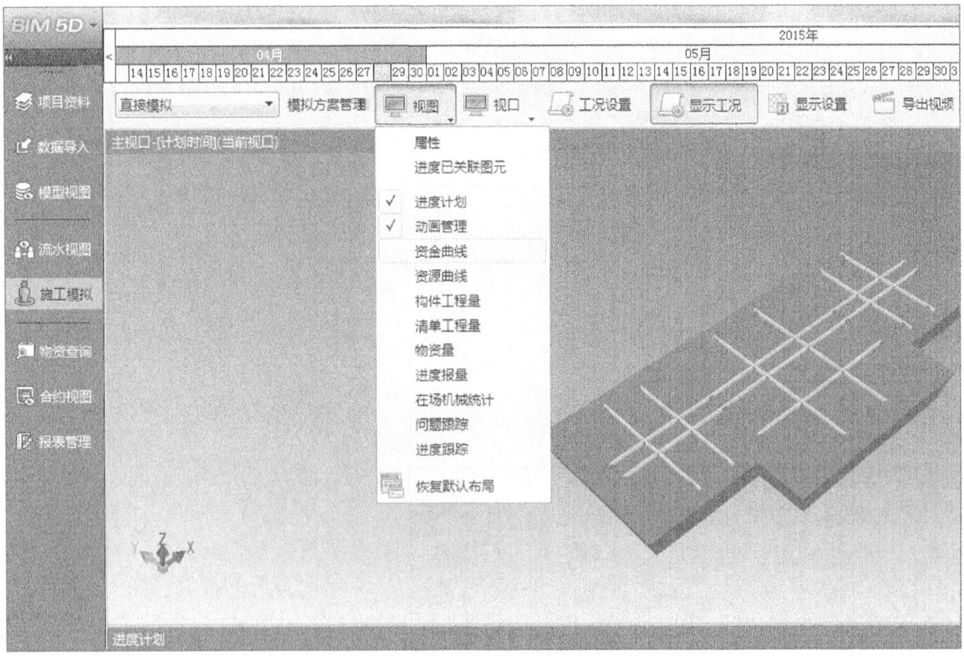

图 4-32　"视图"下拉列表

2）在弹出的"问题跟踪"对话框中单击"添加"下拉按钮，在弹出的下拉列表中选择需要跟踪的问题类型（有质量问题时，选择"质量"选项；有安全问题时，选择"安全"选项），如图 4-33 所示。

3）选择相应的选项后，在模型上，单击问题构件，如图 4-34 所示，弹出"问题跟踪"对话框。

图 4-33　添加问题

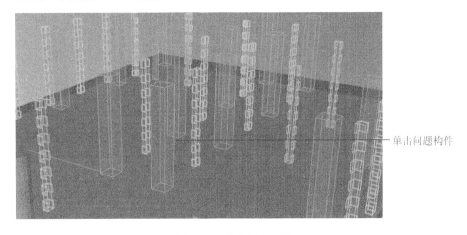

图 4-34　定位问题构件

4）在"问题跟踪"对话框（图 4-35）中的"基本信息"列表框中添加问题，然后选择专业、问题类型、发生时间、施工单位，并可对质量、安全问题进行文字、图片和录音的添加，单击"确定"按钮，弹出如图 4-36 所示的"问题跟踪"对话框。

图 4-35　定义问题构件

2. 管理问题过程

随时对项目质量和安全问题进行跟踪很重要，通过 BIM 5D 平台的及时收集与整理，可以弥补纸质资料的易缺失及不足等缺点。项目管理者可以根据软件中问题的重要程度依次对问题进行处理与归档。

图 4-36　显示问题跟踪

操作如下。

1）根据不同维度和条件，对问题进行过滤，如图 4-37 所示。

2）为了满足不同的查看习惯和内容位置显示，软件提供了书签模式和列表模式两种问题查看模式，如图 4-38 和图 4-39 所示。

3）在选择了问题显示模式后，选中"显示标记"复选框，则问题以气泡模式显示在模型相应的位置，不同类型的问题，气泡标志和颜色不同，如图 4-40 所示。双击气泡或质量安全问题，可以相互定位。

图 4-37　问题过滤

图 4-38　书签查看模式

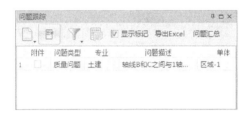

图 4-39　列表查看模式

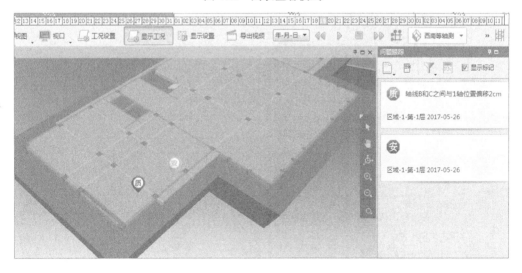

图 4-40　显示标记

4.6　成　本　管　理

成本管理同进度管理、质量与安全管理一样也是企业管理的一个重要组成部分，它对于促进增产节支、加强经济核算、改进企业管理、提高企业整体管理水平具有重大意义。

作为项目经理，需要了解项目各个关键时间节点的项目资金计划，需要分析工程进度资金投入计划，并根据计划合理调整资源，保证工程顺利实施。可以通过 BIM 5D 软件结合现场施工进度，提取项目的各时间节点的工程量及材料用量。资金计划以曲线表的形式进行展示，可以十分直观地反映项目的资金运作情况，并辅助项目负责人编制项目资金计划进行资源分析。

1. 导入预算文件并进行清单匹配

1）打开软件 BIM 5D 的主界面，选择“数据导入”中的“预算导入”选项卡，如图 4-41 所示。

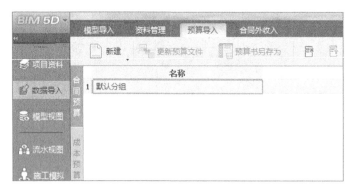

图 4-41　“预算导入”选项卡

2）单击“新建”下拉按钮，在弹出的下拉列表中选择“新建分组”选项，如图 4-42 所示，分组名命名为“土建”。

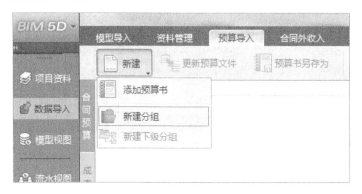

图 4-42　新建分组

3）再次单击"新建"下拉按钮，在弹出的下拉列表中选择"添加预算书"选项，如图 4-43 所示。在弹出的"打开"对话框中选择相应的预算文件后单击"打开"按钮将预算文件导入进来，如图 4-44 所示。

图 4-43　添加预算书

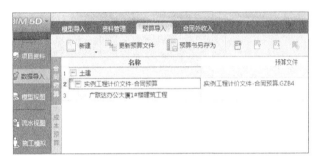

图 4-44　预算文件添加完成

4）添加成功预算书后，单击"清单匹配"按钮，如图 4-45 所示，弹出"清单匹配"对话框。

图 4-45　清单匹配

5）在"清单匹配"对话框中选择"汇总方式"为"按单体汇总"，然后双击预算清单中"编码"下方的"请双击此处选择预算文件"，如图 4-46 所示。

图 4-46　按单体汇总

6）在弹出的"选择预算书"对话框中选择对应的清单预算书，单击"确定"按钮即可，如图 4-47 所示。

图 4-47　选择预算书

7）单击"自动匹配"按钮，弹出"自动匹配"对话框，默认设置，然后单击"确定"按钮进行清单匹配，如图 4-48 所示。

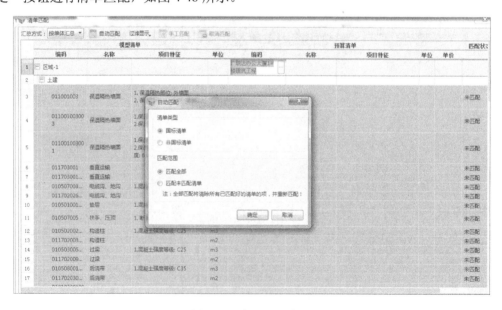

图 4-48　自动匹配清单

8）自动匹配完成后会弹出"确认"对话框，单击"是"按钮，则显示为匹配的清单，如图 4-49 所示。

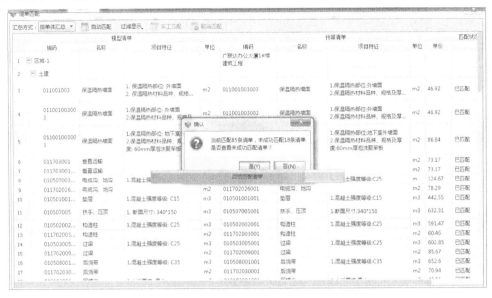

图 4-49　显示为已匹配的清单

9）将未匹配的清单用"手工匹配"的方法进行匹配，如图 4-50 所示，完成清单的匹配。

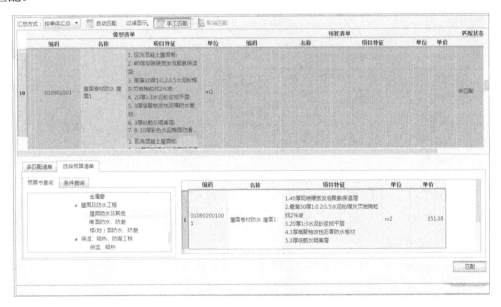

图 4-50　手工匹配清单

2. 显示资金曲线，辅助资金计划编制

1）打开软件 BIM 5D 的主界面，单击"施工模拟"中的"视图"下拉按钮，在弹出的下拉列表中选择"资金曲线"选项，如图 4-51 所示，弹出"资金曲线"对话框。

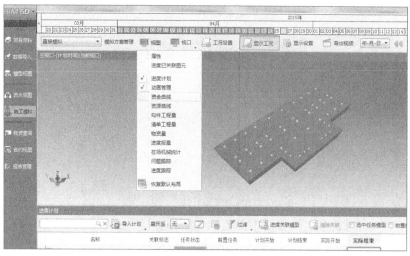

图 4-51　选择"资金曲线"选项

2）根据 4.4 节的进度关联模型，单击"开始\暂停"按钮，进行进度模拟。完成模拟后可得出所有进度的资金分配情况，选择下方的"资金曲线"选项卡，如图 4-52 所示，显示出分析后的资金使用情况，如图 4-53 所示。同时可导出图表，根据显示的资金分配情况进行相应的项目资金计划编制。

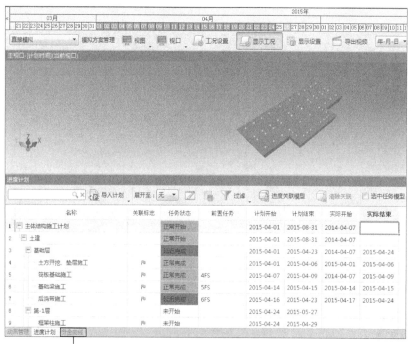

"资金曲线"选项卡

图 4-52　选择"资金曲线"选项卡

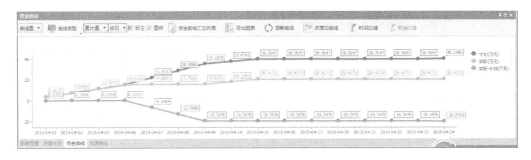

图 4-53　显示资金曲线

3. 提报材料需求计划

材料费在项目成本中占 70%～80%，所以物资管理在成本管控中十分重要。作为项目的材料员，要根据项目的进度计划上报相应的材料计划，可使用 BIM 5D 软件快速提取材料量进行上报。以提取某项目的三层楼的混凝土材料工程量为例，并根据提取的工程量提报材料需求计划。

1）打开软件 BIM 5D 的主界面，选择"物资查询"，根据需要设置"选择专业"为"土建"；单击"查询模式"下拉按钮，在弹出的下拉列表中选择"楼层"选项进行查询，如图 4-54 所示。

图 4-54　选择物资查询条件

2）单击楼层中的"区域-1"，在展开的菜单中选中"第 3 层"复选框，单击"查询"按钮。

3）单击"汇总方式"下拉按钮，在弹出的下拉列表中选择"按材质汇总"选项，如图 4-55 所示。

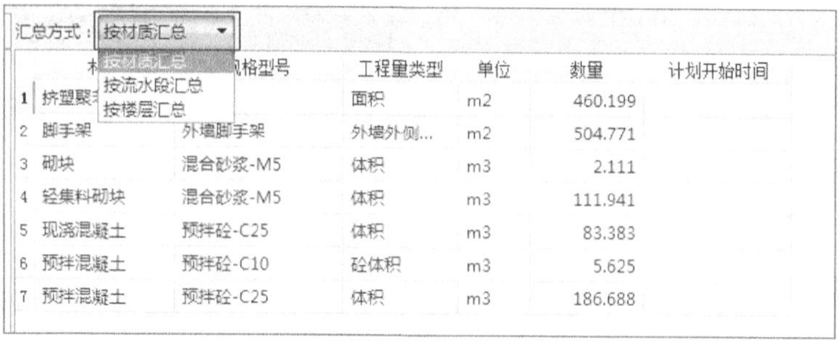

汇总方式：	按材质汇总 ▾	规格型号	工程量类型	单位	数量	计划开始时间
	按材质汇总					
1	挤塑聚 按流水段汇总		面积	m2	460.199	
2	脚手架 按楼层汇总	外墙脚手架	外墙外侧…	m2	504.771	
3	砌块	混合砂浆-M5	体积	m3	2.111	
4	轻集料砌块	混合砂浆-M5	体积	m3	111.941	
5	现浇混凝土	预拌砼-C25	体积	m3	83.383	
6	预拌混凝土	预拌砼-C10	砼体积	m3	5.625	
7	预拌混凝土	预拌砼-C25	体积	m3	186.688	

图 4-55　按材质汇总

4）设置完成后，单击"导出物资量"按钮导出材料量，对导出的文件命名并保存至桌面即可。

4. 报表管理

为使现场物资人员对材料的管理更加快捷，BIM 5D 软件还提供了报表管理功能，可将一些平常经常使用的报表列入其中。现场人员可根据实际查询条件，导出自己需要的表格及数据，方便做月/季物资分析。物资负责人可根据应用 BIM 系统所计算的物资应耗量与物资库房管理员应用库管软件计算的实际资源消耗量的对比，分析物资的使用情况。

1）打开软件 BIM 5D 的主界面，选择"报表管理"模块，如图 4-56 所示。

2）单击"报表范围设置"按钮，弹出"报表范围设置"对话框，如图 4-57 所示。

3）根据工程实际需要，选择查询条件，如图 4-58 所示，然后单击"确定"按钮。

4）单击"报表管理"界面的"报表树"按钮，展开报表（"报表管理"界面默认报表是展开的，若不慎将"报表树"折叠，则看不到这些报表，此时可单击"报表树"按钮展开

图 4-56　报表管理界面

报表，如图 4-59 所示），即可查看不同材料的预算量。

5）根据所需要的导出形式，单击"导出报表数据"下拉按钮，在弹出的下拉列表中包括"导出为普通模式""导出为单页模式""导出为多页模式""导出到 PDF"四个选项，如图 4-60 所示。导出图 4-59 中"建筑结构"下的"商品混凝土需用计划表-模型量"，导出为所需要的形式，对导出的文件进行命名并保存至桌面即可。

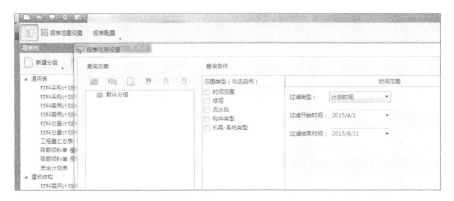

图 4-57　"报表范围设置"对话框

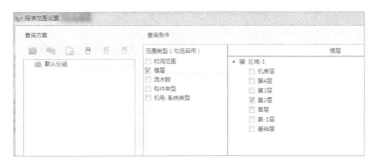

图 4-58　选择查询条件

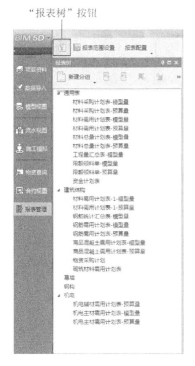

图 4-59　报表树页面

图 4-60　导出报表数据

思 考 题

1. BIM 5D 软件的主要功能有哪些？基本的操作流程是什么？
2. 利用 BIM 5D 软件如何进行模型整合？
3. 如何实现模型与施工进度的关联？
4. 施工质量与安全问题如何标记与管理？
5. 利用 BIM 5D 软件，如何实现工程成本管理？

学习小结

参 考 文 献

蔡雪峰，2008．建筑施工组织[M]．3 版．武汉：武汉理工大学出版社．

陈俊，俞信平，2009．建筑施工组织与资料管理[M]．北京：北京理工大学出版社．

胡瑛，盛黎，2022．BIM 施工组织与管理[M]．1 版．北京：清华大学出版社．

刘晓丽，谷莹莹，尚华，2020．建筑工程施工组织[M]．1 版．北京：北京大学出版社．

毛小玲，江萍，2015．建筑施工组织[M]．3 版．武汉：武汉理工大学出版社．

南振江，2010．建筑施工组织与管理实务（建筑工程技术专业）[M]．北京：中国建筑工业出版社．

危道军，2017．建筑施工组织[M]．4 版．北京：中国建筑工业出版社．

朱仕虎，刘帅，2013．建筑工程施工组织与管理[M]．天津：天津科学技术出版社．